全国中等职业技术学校楼宇智能化专业教材

楼宇智能化概论

人力资源和社会保障部教材办公室组织编写

中国劳动社会保障出版社

图书在版编目(CIP)数据

楼宇智能化概论/人力资源和社会保障部教材办公室组织编写．—北京：中国劳动社会保障出版社，2013

全国中等职业技术学校楼宇智能化专业教材

ISBN 978-7-5167-0145-4

Ⅰ. ①楼…　Ⅱ. ①人…　Ⅲ. ①智能化建筑-自动化技术-中等专业学校-教材　Ⅳ. ①TU855

中国版本图书馆 CIP 数据核字(2013)第 037234 号

中国劳动社会保障出版社出版发行

（北京市惠新东街 1 号　邮政编码：100029）

出 版 人：张梦欣

*

北京隆昌伟业印刷有限公司印刷装订　新华书店经销

787 毫米×1092 毫米　16 开本　11 印张　237 千字

2013 年 3 月第 1 版　2022 年 12 月第 9 次印刷

定价：21.00 元

营销中心电话：400-606-6496

出版社网址：http://www.class.com.cn

http://jg.class.com.cn

前　言

进入 21 世纪，智能楼宇技术飞速发展，对社会生活各方面的影响日益深刻，相关技能人才的需求量也随之增加。为了更好地适应中等职业技术学校楼宇智能化专业的教学需求和企业的用人要求，我们组织全国有关学校的一线教师和行业专家，开发了本套教材。

本套教材包括《建筑基础知识》《楼宇智能化概论》《电工基础知识与技能》《电子基础知识与技能》《综合布线与网络通信》《安全防范系统实务》《火灾报警与消防联动系统实务》《供配电系统监控实务》《照明系统监控实务》《环境控制系统实务》，以及《电梯基础知识与保养》。本套教材的开发过程一直以如下理念作为指导：

第一，以就业为导向，突出职业教育特色。全套教材面向楼宇智能化设备操作和维护技能人才的培养，以对口岗位需求为原点，依据职业能力和相关知识两个维度确定内容。在夯实基础的同时，为学生提供良好的职业发展平台。

第二，体现职业教育改革趋势，坚持贴近实际、贴近生活、贴近学生的原则。依据现有教学条件，以工程任务为载体，引导学生在实践中领悟知识、获得技能，培养自主学习的意识、能力和信心，激发学生的学习兴趣。

第三，紧跟楼宇智能化技术发展，符合时代要求。教材立足当前，放眼未来，既选择通用设备类型展开实训，又尽可能多地介绍行业新知识、新技术和新设备，从而帮助学生尽快适应工作岗位的需要，提高人才培养质量。

本套教材可供全国中等职业技术学校楼宇智能化专业选用，也可作为职业培训教材。教材的编写工作得到了广东、江苏、浙江等省人力资源和社会保障厅及有关学校的大力支持，在此，我们表示诚挚的谢意。

人力资源和社会保障部教材办公室

2012 年 11 月

目　录

概　述

伴随着科学的进步、社会的发展，楼宇智能化逐渐成为当今社会的一门重要学科。1984 年，美国联合科技的 UTBS 公司在康涅狄格州哈特福德市将一座金融大厦改造成都市大厦，主要增添了计算机设备、数据通信线路、程控交换机等，使住户可以得到通信、文字处理、电子邮件、情报资料检索、股票行情查询等服务。同时，使大楼的多个空调、给排水、供配电设备和防火、安保设备由计算机进行控制，实现了综合自动化、信息化，使大厦功能发生了质的飞跃，从而诞生了世界上第一座智能化楼宇。从此，楼宇智能化走上了快速发展的道路。

一、楼宇智能化的定义

一般来说，人们把楼宇智能化定义为：综合应用计算机、信息通信等方面的最先进技术，使建筑物内的电力、空调、照明、防灾、防盗、运输设备等协调工作，实现建筑物自动化、通信自动化、办公自动化、安保自动化和消防自动化，将这 5 种功能结合起来的建筑，再加上综合布线系统、结构化综合网络系统、智能楼宇综合信息管理自动化系统，就是楼宇智能化。

建筑智能化系统过去通常称为弱电系统，是指以建筑物为平台，兼备建筑设备检测与控制、办公自动化及通信网络三大系统，集结构、系统、服务、管理及它们之间的最优化组合，向人们提供一个安全、高效、舒适、便利的综合服务环境。

建筑智能化系统利用现代通信技术、信息技术、计算机网络技术、监控技术等，通过对建筑物和建筑设备的自动检测与优化控制、信息资源的优化管理，实现对建筑物的智能控制与管理，以满足用户对建筑物的监控、管理和信息共享的需求，从而使智能建筑具有安全、舒适、高效和环保的特点，以达到投资合理、适应信息社会需要的目标。

二、智能建筑的构成

智能建筑是计算机、信息处理技术与建筑艺术相结合的产物。它主要包括建筑物自动化、信息网络化和通信自动化这三大系统（简称 3A 系统）。智能建筑是由智能化建筑环境内的系统集成中心利用综合布线连接并控制 3A 系统组成的。如图 1 所示的智能建筑模型包含人们常说的 3A 系统的几个部分。

1. 综合布线系统

综合布线系统是由线缆及相关连接硬件组成的信息传输通道，可以传送语音信息、数据信息、图像信息、传感器信号以及控制信号等。它是智能建筑连接 3A 系统各类信息必备的基础设施。

图 1　智能建筑模型

2. 信息网络化及通信网络系统

现代化智能建筑的信息网络系统由单纯的语音通信向多元通信系统发展，其传送的信息业务朝着数字化、个人化、智能化、宽带化、综合化、移动化等方向发展。智能建筑的通信网络系统（CNS）是楼内的语音、数据、图像传输的基础。同时与外部通信网络相连，确保信息畅通。CNS 系统应能对来自建筑物或建筑群内外的各种信息予以接受、存储、处理、交换、传输并提供决策支持。

3. 系统集成功能

系统集成功能应具有各个智能化系统信息汇集和各类信息综合管理的功能，并能汇集建筑物内外各类信息，接口界面标准化、规范化，同时对建筑物各子系统进行综合管理。

4. 楼宇自动化系统

建筑物自动化系统是以中央计算机为核心，对建筑物内的设备运行状况，例如，空调、供热、制冷、给排水、照明、电梯、门控、停车场管理、防盗监控等设备进行实时控制和管理，从而实现温度、湿度、照度稳定舒适和空气清新的目标。该系统可以分为以下子系统。

（1）火灾自动报警及消防联动系统。

（2）安全防范系统。

（3）空调与通风系统。

（4）供配电、变配电及照明系统。

（5）建筑设备自动化控制系统。

（6）给排水系统。

（7）电梯系统。

（8）智能停车场管理系统。

其中，安全防范系统包括闭路电视系统、防盗报警系统、对讲门禁系统以及巡更系统。

三、智能小区

智能小区是对具有一定智能化程度住宅小区的统称，是指通过综合配置住宅区内的各功能子系统，并以综合布线为基础，由网络将一定地域范围内的若干智能住宅连接起来，实现小区内各种公共设施智能管理的集合。它服务于社区的需要，提供安全、舒适、方便、节能、可持续发展的生活环境。智能小区包括三个组成部分，即注重于未来对宽带数据快速增长的接入传输网络、保证居住安全和自动化功能的家庭智能化网络终端、提供多元信息服务和小区公共物业管理的中心。如图 2 所示为一个智能小区的智能空间实例。

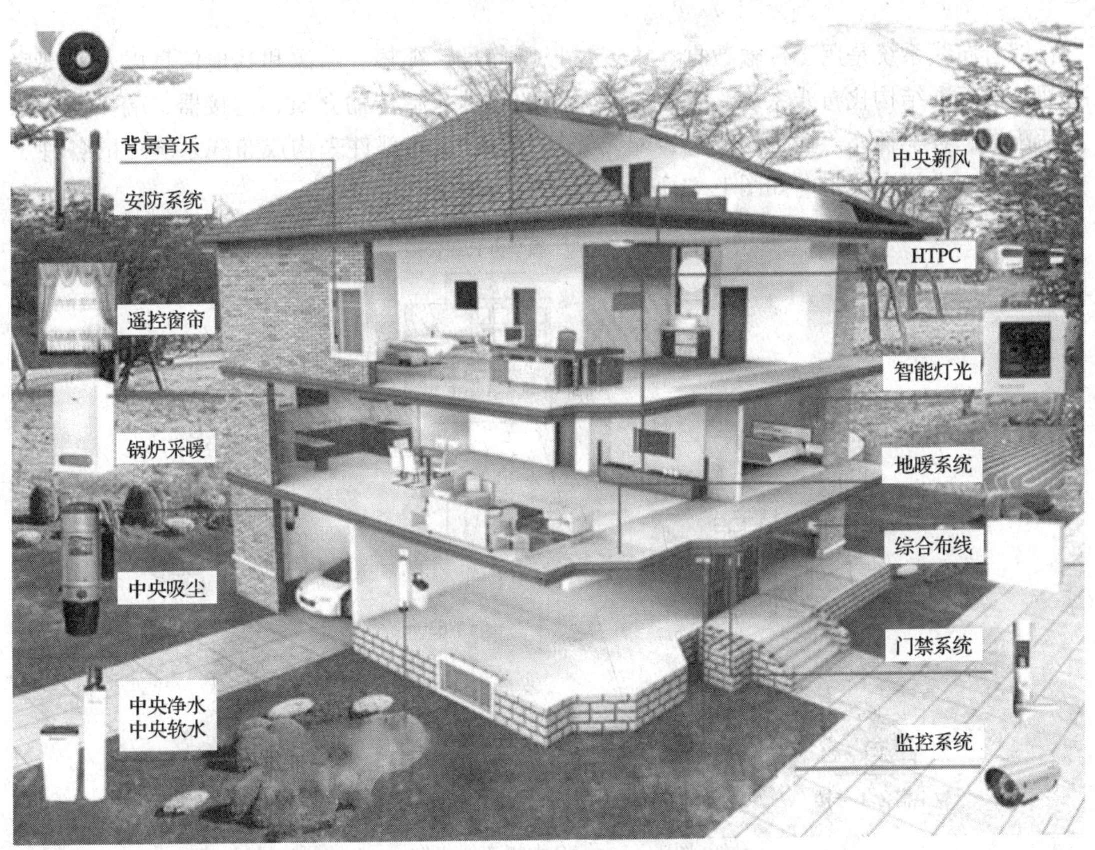

图 2　一个智能小区的智能空间实例

第一章　综合布线系统

本章提示

本单元主要介绍智能楼宇综合布线系统的基本知识，并对综合布线常用材料、常用施工工具、设计方法、施工技术、测试与验收手段进行说明。

第一节　综合布线系统的基本知识

综合布线系统是用于传输数据、语音、报警信号、视频、图像和其他信息以及实现串行通信的标准结构化布线系统。综合布线系统的部件包括传输介质、连接器、端接设备以及适配器，各类插座、插头，跳线、配线架等。通过这些部件来构成布线系统中的各种子系统。综合大楼布线走向如图 1—1 所示。

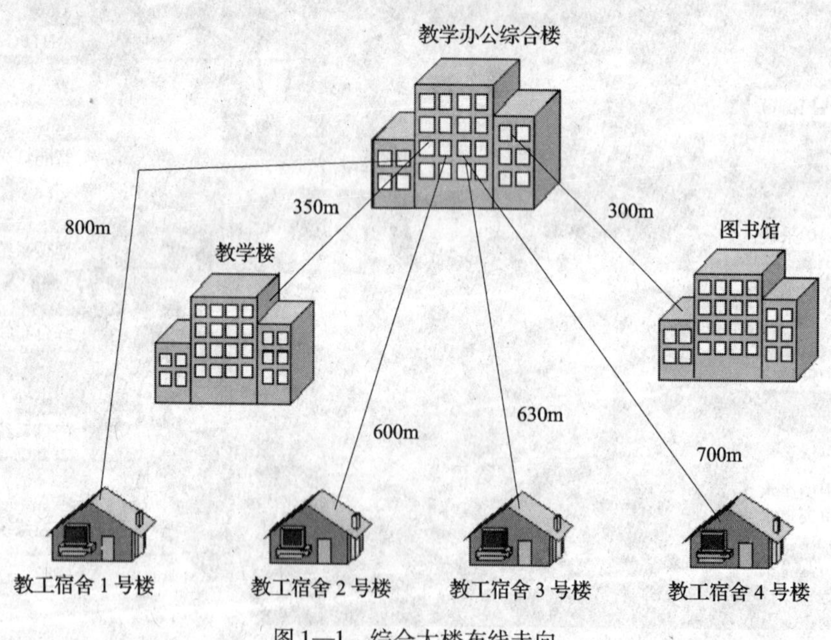

图 1—1　综合大楼布线走向

一、综合布线系统的特征

1. 兼容性

综合布线系统的首要特点就是它的兼容性。兼容性主要是指布线自身完全独立而与应

用系统相对无关的性质，可以适用于多种应用系统。

2. 开放性

综合布线系统采用开放性的体系结构，符合国际上多种流行的标准，而且几乎对所有的厂商都是开放的，对所有的通信协议也都是开放的。

3. 灵活性

在综合布线系统中，由于所有信息系统都采用相同的传输介质和物理星形拓扑结构，因此，所有的信息通道都是通用的。

4. 可靠性和先进性

综合布线系统采用高品质的材料和组合压接的方式构成一条高标准的信息通道。所有的器件均通过 UL、CSA、ISO 认证，每条信息通道都要采用物理星形拓扑结构，点到点端接，任何一条线路的故障均不会影响其他线路的运行，为线路的运行维护及故障检修提供了极大的方便，从而保障了系统的可靠运行。同时，综合布线系统采用光纤与双绞线混合布置方式，极为合理地构成了一套完整的布线系统。

二、综合布线系统的发展趋势

随着科学技术的不断进步，尤其是计算机网络、计算机控制技术和图形显示技术的相互融合及发展，高层建筑服务功能的增加等客观要求的提高，传统专业布线系统已经远远落后。一些经济发达国家已开始研究比较先进的综合布线系统，1985 年贝尔实验室推出了综合布线系统，经过许多年的发展，综合布线系统发展到一定的水平。现在综合布线系统的发展方向主要有两个：集成化布线系统和智能化小区。

1. 集成化布线系统

集成化布线系统的基本思想是：鉴于结构化布线系统对语音和数据系统提供的综合性支持，那么也可采用相同或相类似的综合布线思想来解决楼宇自动控制系统的综合布线问题，使各楼宇控制系统都像电话、计算机一样，成为即插即用的系统。

2. 智能化小区

智能化小区布线系统主要分为两个等级。等级一主要提供一个可满足电信服务最低要求的通用综合布线系统，该等级可提供电话、有线电视和数据服务；等级一按照星形拓扑结构、采用非屏蔽双绞线连接。等级二提供一个满足基础、高级和多媒体电信服务的通用布线系统，该等级可提供当前和正在发展的家庭电信服务。

在多层大厦智能化小区布线系统中，每个家庭必须安装一个分布装置。分布装置是一个交叉连接的配线架，主要端接所有的电缆、跳线、插座及设备连线等。分布装置配线架主要用于增强、改动电信设备，并提供连接端口，以满足不同的系统应用。

智能化小区布线除支持数据、语音、电视媒体应用外，还可提供对家庭的保安管理和对家用电器的自动控制以及能源的自动控制等。

三、系统的组成

根据功能不同，综合布线系统可划分为工作区子系统、水平子系统、管理子系统、垂直子系统、设备间子系统、建筑群子系统共六大子系统，如图 1—2 所示。

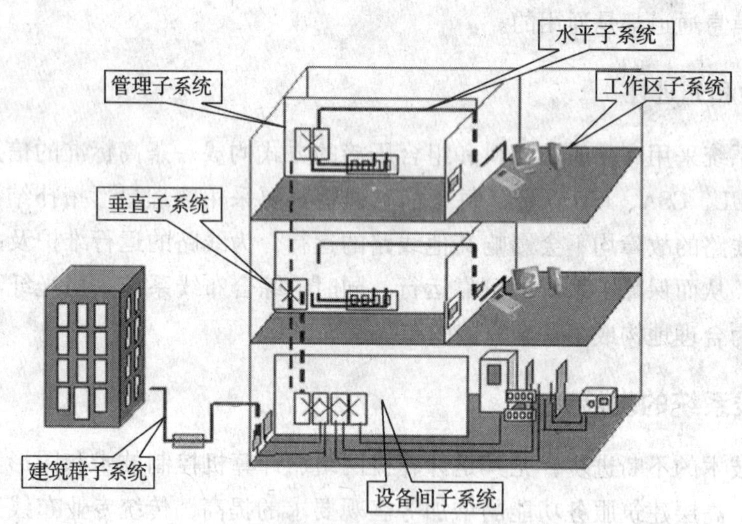

图 1—2　综合布线系统各子系统示意图

1. 工作区子系统

工作区子系统是由工作区内的终端设备连接到信息插座的线缆所组成的。它包括信息插座、插座盒、连接跳线和适配器。

2. 水平子系统

水平子系统也叫配线子系统，由一个从工作区的信息插座开始，经水平布置到管理区的内侧配线架的线缆所组成，目的是实现信息插座盒和跳线架的连接。

3. 管理子系统

管理子系统设置在每层配线间及大楼主设备间内，由配线架和跳线及辅助配件等组成。利用管理子系统，可以实现不同的网络拓扑结构。综合布线系统的灵活性和优势主要体现在管理子系统上，只要简单地调一下线就可以完成任何一个结构化布线的信息插座对任何一类智能系统的连接，极大地方便了线路重新布置和网络终端的调整。

4. 垂直子系统

垂直子系统是综合布线系统中连接各管理间、设备间的子系统，是楼层之间垂直干线电缆的通称。主干线子系统提供建筑物的主干电缆的路由，是综合布线系统的神经中枢，实现主配线架和中间配线架的连接。

5. 设备间子系统

设备间子系统是指在每幢大楼的适当地点设置进线设备用于进行网络管理、管理人员值班的场所，一般称为网络中心或中心机房。

6. 建筑群子系统

建筑群子系统是由综合布线系统中连接楼群之间的干线电缆或光缆、配线设备、跳线及各种支持设备组成的子系统，又称为户外子系统或楼宇子系统。

知识巩固

1. 综合布线系统采用模块化结构，按照每个模块的作用，可以把综合布线系统划分为哪 6 个子系统？
2. 简述综合布线系统的概念、特征。
3. 谈谈对综合布线系统的认识。

第二节　综合布线常用材料及施工工具

综合布线系统中各种设备的连接是通过通信介质和相关硬件来实现的，而线缆与连接器件的选择、器材与工具的使用、系统的设计都直接关系到综合布线系统的性能与质量。因此，在实施综合布线之前，首先要认识常用的网络传输介质、布线器材和工具。

一、综合布线常用材料

目前，在实际网络建设中，计算机通信网络的干线（建筑群子系统、干线子系统）多采用光缆，配线子系统采用双绞线，同时以无线通信作为补充。

1. 双绞线及其连接件

双绞线是网络综合布线施工中最常用的一种传输介质。它采用一对互相绝缘的金属导线互相绞合的方式来抵御一部分外界电磁波干扰。把两根绝缘的铜导线按一定密度互相绞合在一起，可以降低信号干扰的程度，每一根导线在传输中辐射的电波会被另一根导线上发出的电波抵消，双绞线的名字也是由此而来。

双绞线作为一种价格低廉、性能优良的传输介质，在综合布线系统中被广泛应用于水平布线。双绞线的价格低廉、连接可靠、维护简单，可用于数据传输，还可以用于语音和多媒体传输中。按结构来分，双绞线可分为非屏蔽双绞线和屏蔽双绞线，分别如图1—3和图1—4所示。

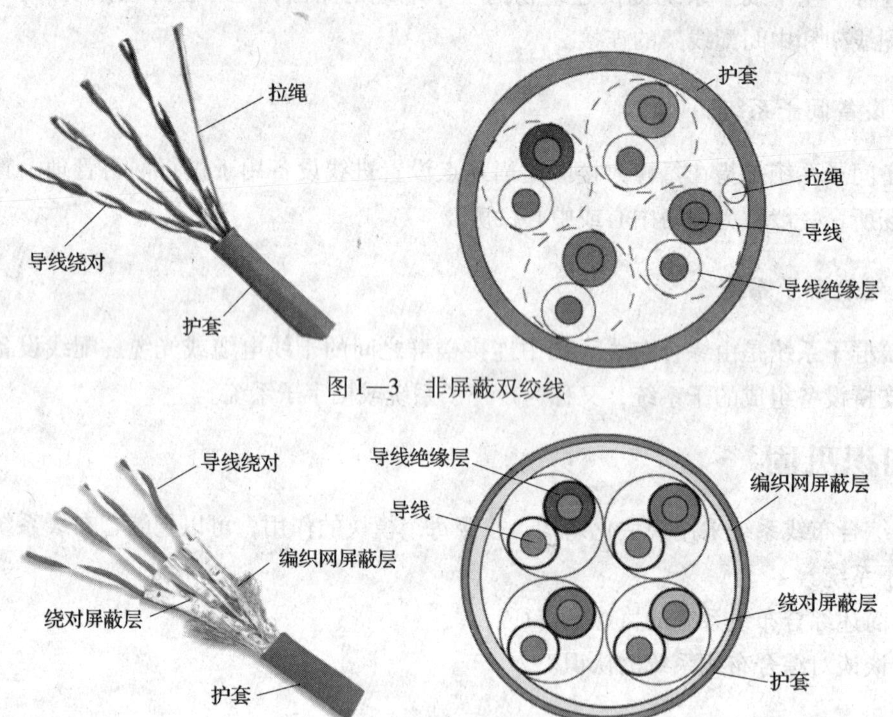

图1—3　非屏蔽双绞线

图1—4　STP屏蔽双绞线

按性能来分，双绞线可分为1类、2类、3类、4类、5类、超5类、6类、7类双绞线，综合布线主要使用3类、4类、5类双绞线，与普通5类双绞线相比较，超5类及超5类以上的双绞线电缆信号衰减小，串扰少，性能得到更大提升，是目前更为常用的网络通用电缆，超5类、6类与7类双绞线如图1—5所示。

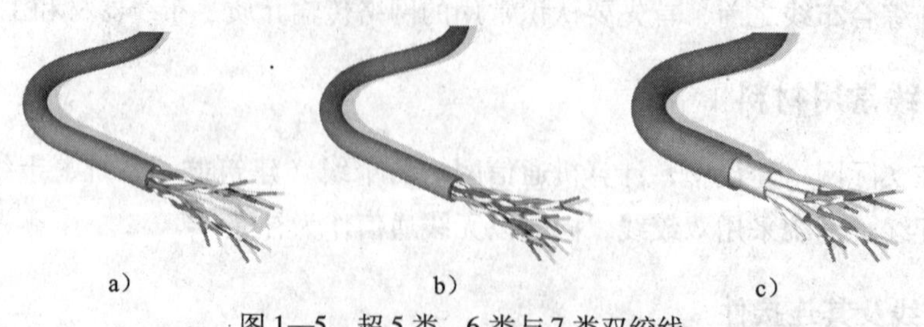

图1—5　超5类、6类与7类双绞线

a）超5类双绞线　b）6类双绞线　c）7类双绞线

双绞线的主要连接器有配线架、信息插座等。信息插座采用信息模块和RJ－45连接头连接，RJ连接头（俗称水晶头）分为四线位或六线位结构和八线位结构的RJ－45连接头。语音通信常用RJ－11连接头，数据通信常用RJ－45连接头，如图1—6所示。

图 1—6　水晶头和双绞线连线

信息插座通过底盒和面板安装在墙面或地面上，常用面板分为单口和双口两种，外形尺寸符合国标 86 型和 120 型要求，底盒分为明装与暗装两种。如图 1—7 所示。

图 1—7　信息插座的组成

配线架是电缆进行端接和连接的装置。楼层配线架（FD）是实现水平配线与垂直干线两个子系统交叉连接的枢纽，一般放置在管理间（电信间）的机柜中。建筑物配线架（BD）则安装在设备间，实现建筑物干线电缆与建筑群干线电缆的连接。根据数据与语音通信的区别，配线架一般分为数据配线架和 110 语音配线架两种，如图 1—8 所示。

图 1—8　不同型号的配线架

2. 光缆及其连接件

光纤是光导纤维的简称，是一种传输光束的细而柔韧的介质。若干光纤置于特制的塑料绑带或铝皮内，再涂覆塑料或用钢带铠装，加上外护套就成为光缆。由于光缆在传输信息时使用光信号而不是电信号，所以光缆传输的信息不会受到电磁干扰的影响。此外，光缆功率损失少、传输衰减小、保密性强，并有极大的传输带宽，因此，光缆被广泛应用于综合布线的建筑群主干布线子系统和建筑物主干布线子系统中，如图 1—9 所示。

图 1—9　室内、室外光缆及光缆内部结构

光纤有单模与多模之分。单模光纤（Single Mode Optical Fiber，SMF）采用激光二极管 LD（Injection Laser Diode）作为光源，而多模光纤（Multimode Optical Fiber，MMF）采用发光二极管 LED（Light - Emitting Diode）作为光源。多模光纤的纤芯粗，直径为 15 ~ 50 μm。单模光纤的纤芯则相对较细，直径只有 4 ~ 10 μm。

光纤活动连接器俗称活接头，一般称为光纤连接器，是用于连接两根光纤或光缆形成连续光通路的可以重复使用的无源器件，已经广泛应用在光纤传输线路、光纤配线架和光纤测试仪器、仪表中，是目前使用数量最多的光无源器件。如图 1—10 和图 1—11 所示分别为 SC 型与 ST 型常见光缆连接器及光缆跳线。

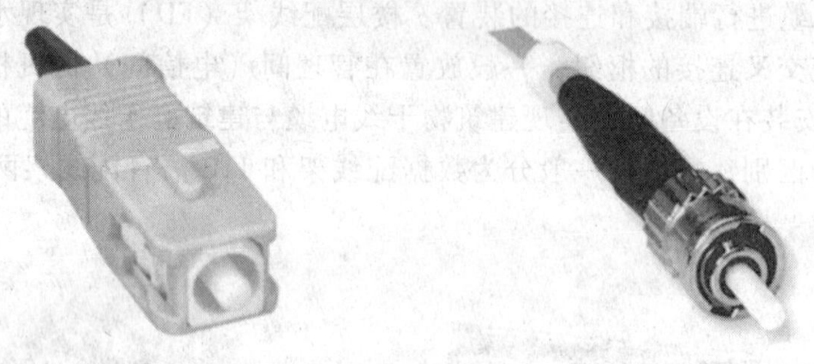

图 1—10　SC 型与 ST 型常见光缆连接器

图 1—11　光缆跳线

3. 管槽及其附件

在综合布线系统中，通信线缆必须由管槽系统来支撑和保护。此外，管槽系统还具有屏蔽、接地和美观的作用。在综合布线系统中常用的线管槽有金属线槽、PVC 塑料线槽、金属管及 PVC 塑料管，如图 1—12 所示。

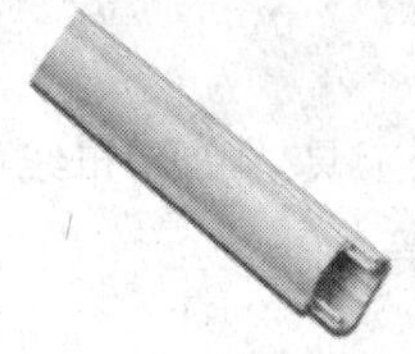
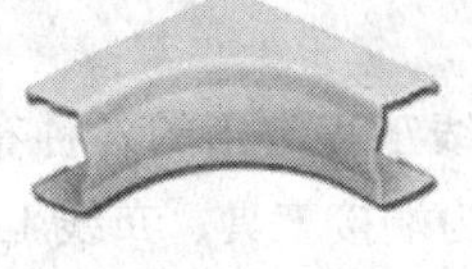
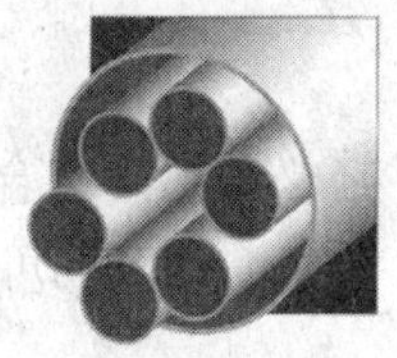

图 1—12　线槽与线管

4. 其他部件

其他部件如机柜、机架、扎带、标签纸、理线环等一起构成综合布线系统材料，如图 1—13、图 1—14 和图 1—15 所示。

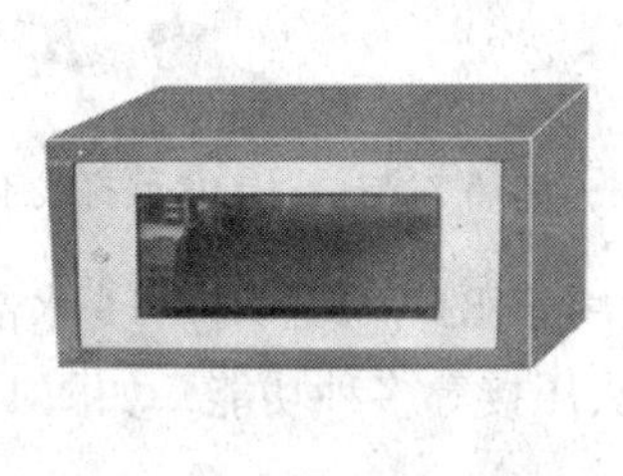

图 1—13　机柜与机架

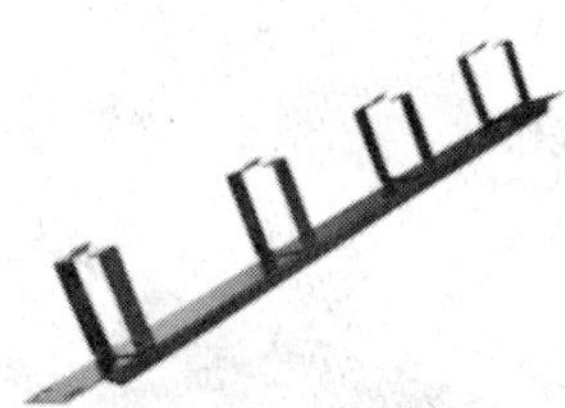

图 1—14　理线环

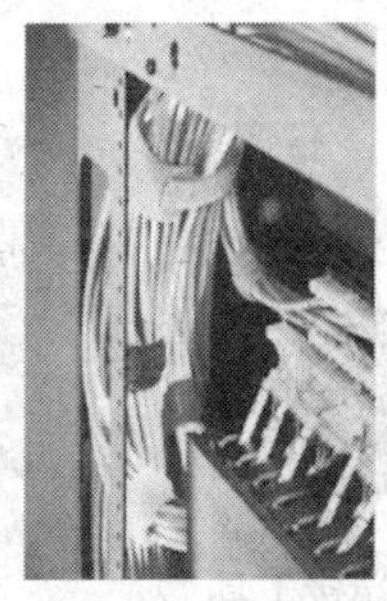
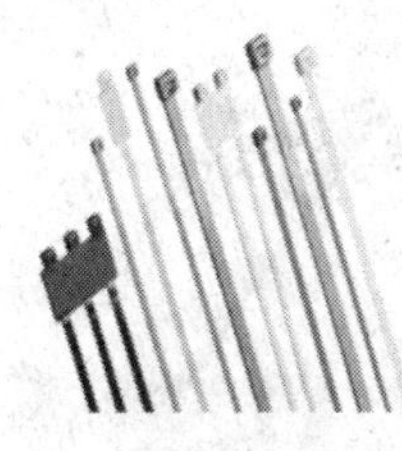

图 1—15　扎带与标签纸

二、综合布线施工工具

要完成综合布线工程，还必须熟悉综合布线工程常用的各种布线工具。实际布线中涉及的工具各种各样，根据工作场景的不同可分为端接工具、布线工具等。

1. 端接工具

110 型打线工具是一种简便快捷的 110 型连接端子打线工具，是 110 配线（跳线）架与连接块相卡接的最佳手段。一次最多可以接 5 对的连接块，操作简单，省时省力，适用于线缆、跳接块及跳线架的连接作业，如图 1—16 所示。

图 1—16　5 对与单对 110 型打线工具

RJ－45、R－J11 压接工具适用于 RJ－45、RJ－11 水晶头的压接。一把压线钳包括了双绞线切割、外护套剥离、水晶头压接等多种功能，如图 1—17 所示。

图 1—17　RJ－45 和 RJ－11 双用及单用压线钳

剥线器不仅外形小巧且简单易用，如图 1—18 所示。只需要采用简单的步骤，即把线放在相应尺寸的孔内并旋转三至五圈即可除去缆线的外护套。

图 1—18　剥线器

光纤端接工具包括开缆工具、光纤剥离钳、光纤切割工具、光纤熔接机、光纤工具箱等，如图 1—19 所示。

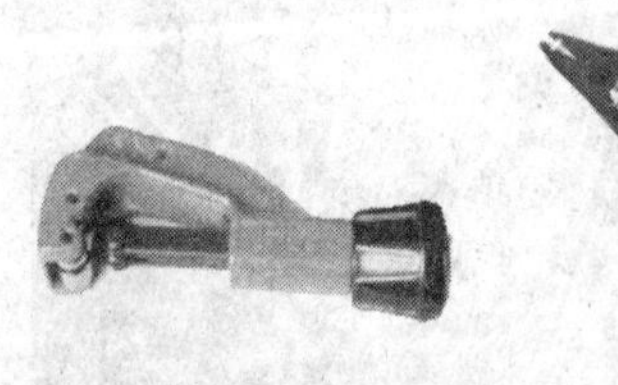

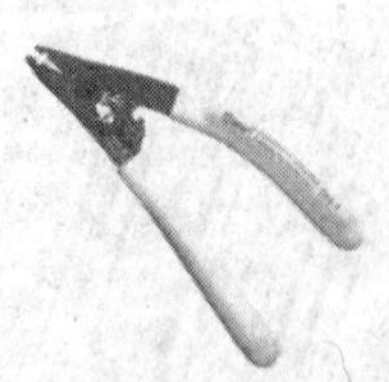

图 1—19　光纤端接工具

2. 布线工具

电工工具箱是布线施工中必不可少的工具，一般包括钢丝钳、尖嘴钳、斜口钳、剥线钳、一字螺钉旋具、十字螺钉旋具、验电笔、电工刀、电工胶带、活扳手、呆扳手、卷尺、铁锤、凿子、斜口凿、钢锉、钢锯、电工皮带和工作手套等。常用电工工具箱如图 1—20 所示。

充电旋具可单手操作，配合各种通用的六角工具头可以拆卸及锁入螺钉、钻洞等。

手电钻由电动机、电源开关、电缆和钻头等组成。使用时用钻头钥匙开启钻头锁，使钻头夹扩开或拧紧，使钻头松出或牢固。常见手电钻如图 1—21 所示。

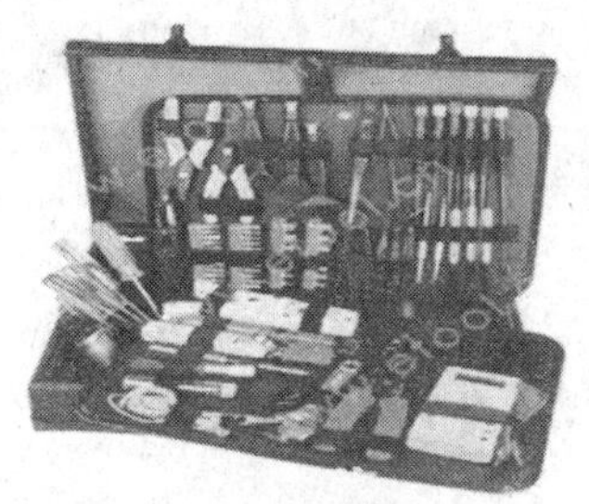

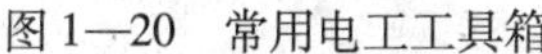

图 1—20　常用电工工具箱

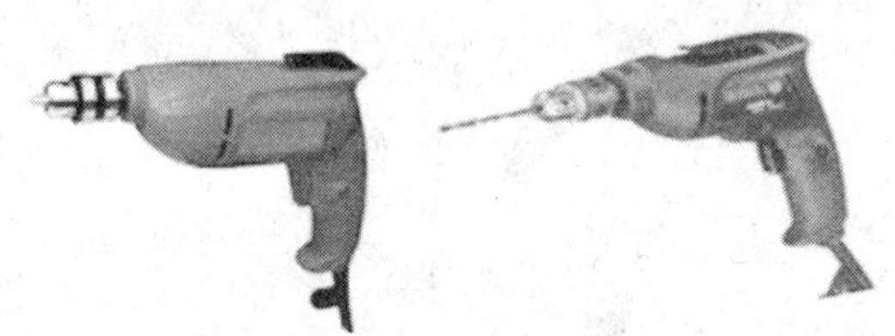

图 1—21　常见手电钻

线槽剪是 PVC 线槽或平面塑胶条切断专用剪，剪出的端口整齐美观。宽度在 65 mm 以下的线槽都可以使用线槽剪。线槽剪如图 1—22 所示。

图 1—22　线槽剪

弯管器使用简单，常见于一些建筑工地上，可以自制自用，十分灵巧。一般用于直径在 25 mm 以下的管子弯管，如图 1—23 所示。

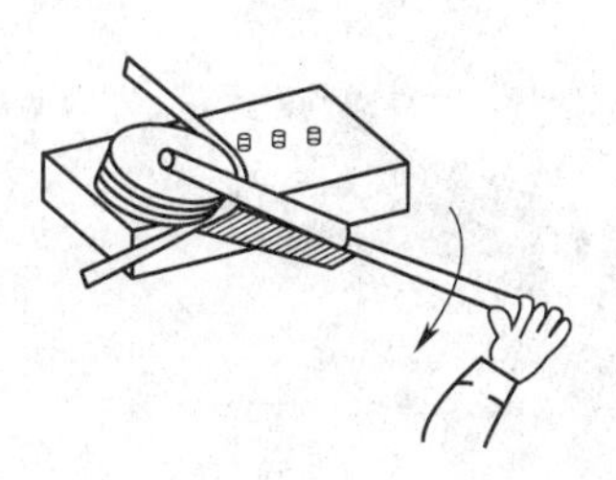

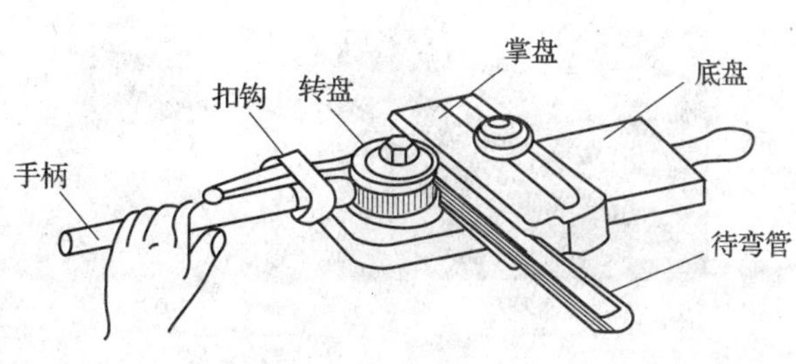

图 1—23　弯管器

知识巩固

1．将下面的线缆及连接器件图片与右方的文字一一对应。

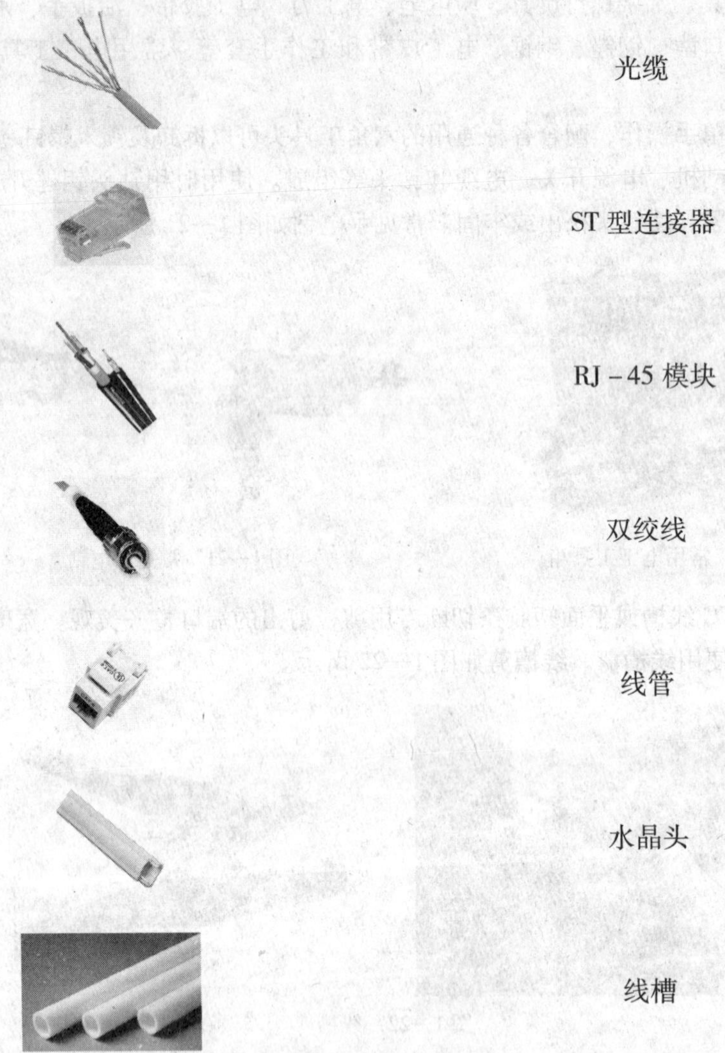

2．将下列工具根据工作场景和适用材料的不同进行分类，将分图号填入相应的横线上。

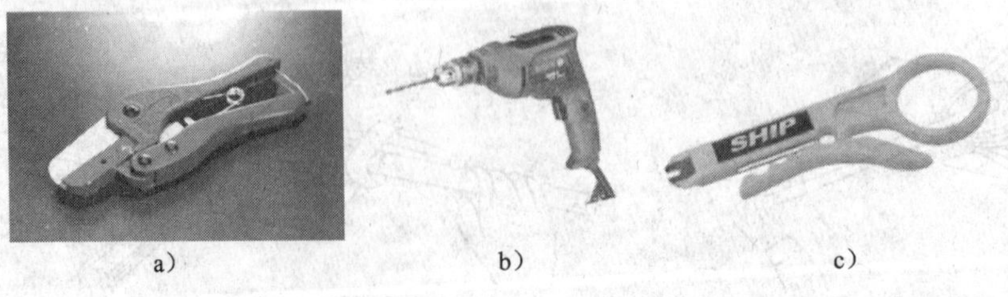

a）　b）　c）

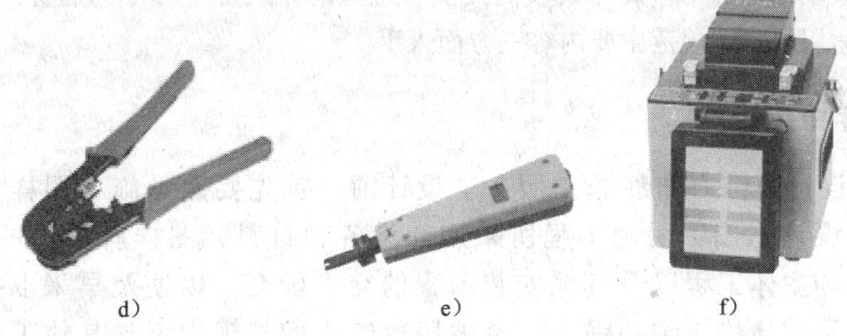
d)　　e)　　f)

（1）适用于铜缆的端接工具有______________________________。
（2）适用于光缆的端接工具有______________________________。
（3）在布线施工中用到的工具有______________________________。

第三节　综合布线系统的设计

随着城市建设及通信事业的发展，现代化的商住楼、办公楼、园区等各类民用、工业建筑对信息的要求已成为城市建设发展的重要趋势。为了将语音、数据、图像及多媒体等不同业务的设备的布线网络组合在一套标准的布线系统上，使各种设备终端的插头都能插入标准的插座内，相关组织制定了综合布线系统标准，用以规范综合布线系统设计。

一、综合布线标准

通常来说，作为厂家更多地应遵循布线部件标准和设计标准，布线方案设计应遵循布线系统性能、系统设计标准，布线施工工程应遵循布线测试、安装、管理标准及防火、机房及防雷接地标准。

例如，在一个典型办公网络的布线系统集成方案中采用的标准如下：

《建筑与建筑群综合布线系统工程设计规范》（GB 50311—2007）

《建筑与建筑群综合布线系统工程施工和验收规范》（GB 50312—2007）

《大楼通信综合布线系统　第一部分总规范》（YD/T 926. 1—2001）

《大楼通信综合布线系统　第二部分综合布线用电缆光缆技术要求》（YD/T 926. 2—2001）

《大楼通信综合布线系统　第三部分综合布线用连接硬件技术要求》（YD/T 926. 3—2001）

北美标准 ANSI/TIA/EIA568B《商用建筑通信布线标准》

国际标准 ISO/IEC 11801《信息技术——用户通用布线系统》（第二版）

《国际电子电气工程师协会：CSMA/CD 接口方法》（IEEE 802. 3）

而当用户进行招标就布线产品、部件进行选型，需要提供产品的详细技术参数时，就需要生产厂家直接或配合销售商与集成商提供所遵循的布线部件标准的名称。可从规范用词说明、规范适用原则、规范主要内容三方面入手。

二、识读图样和文档

综合布线设计为综合布线施工服务。设计前，首先要熟悉施工图样和文档，了解设计内容和设计意图，明确工程所采用的设备和材料，图样所提出的施工要求，综合布线工程和主体工程以及其他安装工程的交叉配合，以便及早采取措施，确保在施工过程中不破坏建筑物的强度，不破坏建筑物的外观，不与其他工程发生位置冲突。

1. 识读建筑平面设计图（见图1—24）

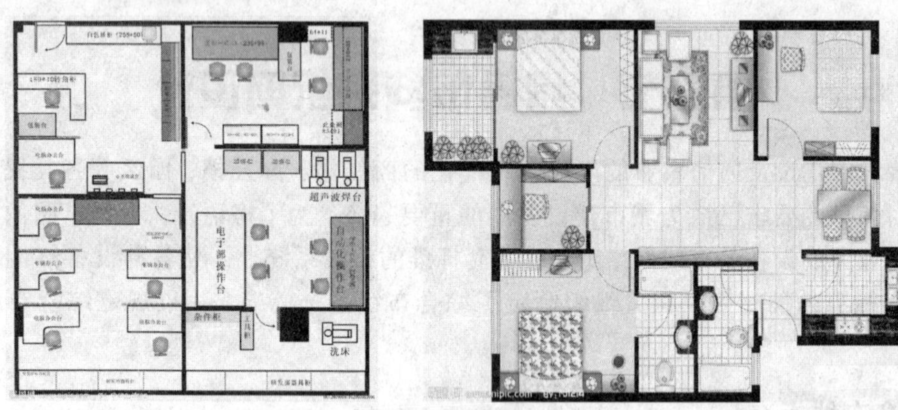

图1—24　两幅典型的建筑平面设计图

2. 识读综合布线系统拓扑图（见图1—25）

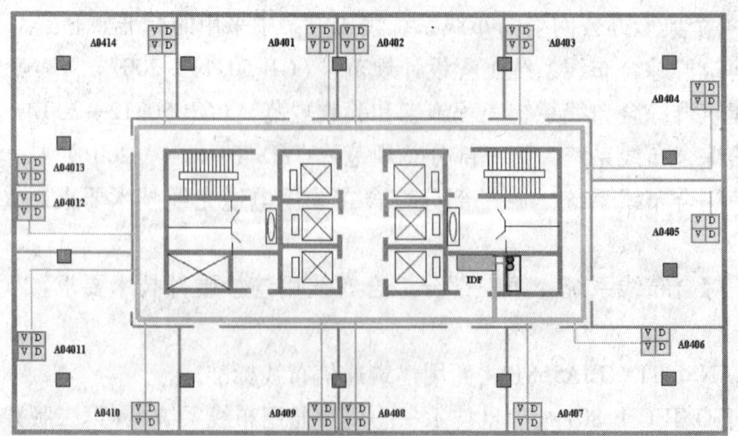

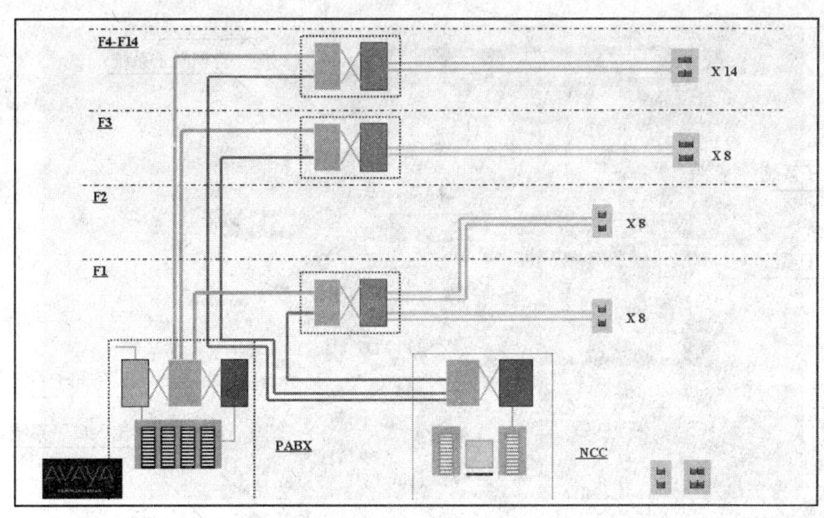

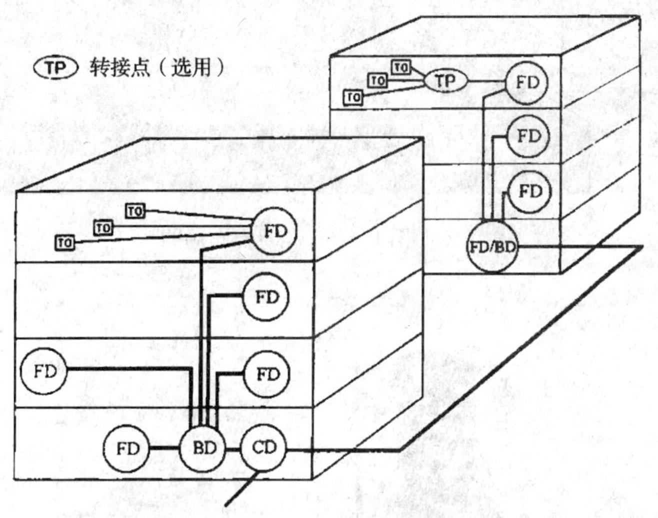

图 1—25 综合布线系统拓扑图

3. 识读机柜配线架信息点布局图（见图 1—26）

4. 识读机柜设备安装图（见图 1—27）

三、编制图样和文档

设计与实现一个综合布线系统一般有如下六个步骤：获取建筑物平面图；分析用户需求；系统结构设计；布线路由设计；绘制布线施工图；编制布线用料清单。

1. 编制综合布线工程信息点数量统计表

首先在表格第一行填写文件名称，在表格第二行填写房间或区域编号，在表格第三行

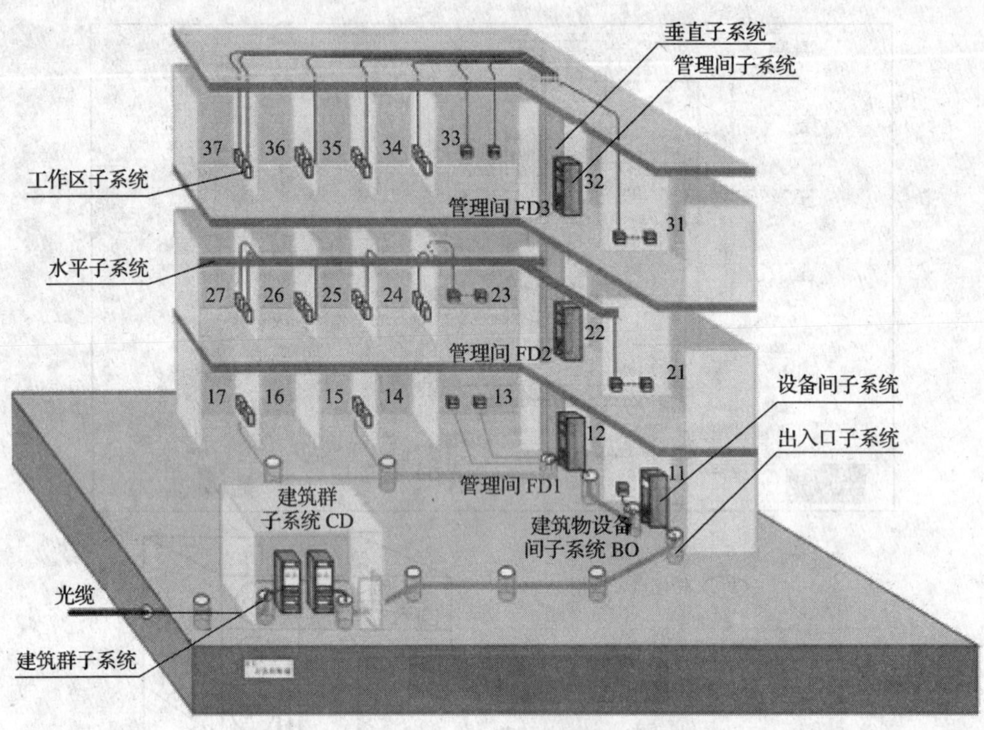

图 1—26　信息点布局图

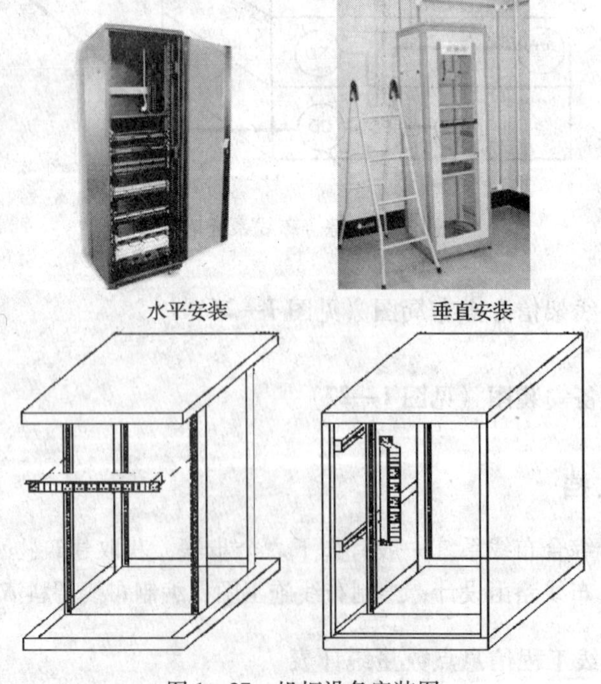

图 1—27　机柜设备安装图

填写数据点TO和语音点TP。一般数据点在左栏，语音点在右栏，其余行对应楼层，注意每个楼层有两行（其中一行为数据点，一行为语音点），同时填写楼层号。楼层号一般第一行为顶层，最后一行为一层。然后编制列，第一列为楼层编号，其余列为房间编号。

把每个房间的数据点和语音点数量填写到表格中。填写时逐层逐房间进行，从楼层的第一个房间开始，逐房间分析应用需求，划分工作区，确认信息点数量。

在每个工作区，首先确定数据点数量，然后考虑语音点数量，同时还要考虑其他智能化和控制设备的需要。表格中对于不需要设置信息点的位置不能空白，而是填写0。信息点数量统计表如图1—28所示。

西元网络综合布线工程教学模型点数量统计表

房间号		x1		x2		x3		x4		x5		x6		x7		合计		
楼层号		TO	TP	TO	TP	TO	TP	TO	TP	TO	TP	TO	TP	TO	TP	TO	TP	总计
三层	TO																	
	TP																	
二层	TO																	
	TP																	
一层	TO																	
	TP																	
合计	TO																	
	TP																	
总计																		

编写：　审核：　审定：　西安开元电子实业有限公司　2010年12月12日

图1—28　信息点数量统计表

2. 编制信息点端口对应表

综合布线工程信息点端口对应表应在进场施工前完成，并且打印带到现场，方便现场施工编号。端口对应表是综合布线施工必需的技术文件，主要规定房间编号、信息点编号、配线架编号、配线架端口编号、机柜编号、插座底盒编号等，用于系统管理，便于施工和后续日常维护，如图1—29和图1—30所示。

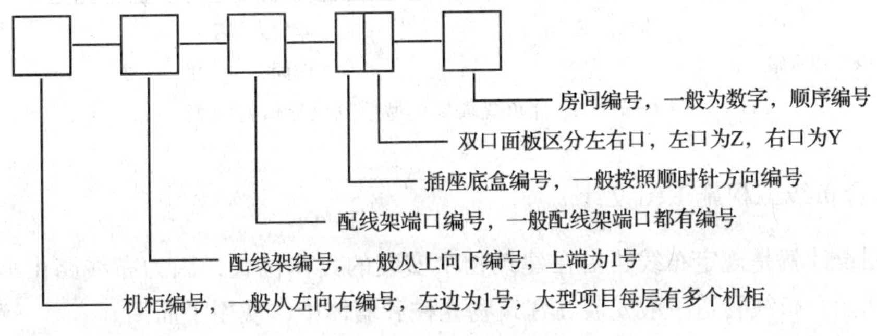

图1—29　信息点编号规定

项目名称：教学楼综合布线　建筑物名称：一教学楼　楼层：一层 FD1 机柜　文件编号：XY03－2－1

序号	信息点编号	机柜编号	配线架编号	配线架端口编号	插座底盒编号	房间编号
1						
2						
3						
4						
5						
6						
7						
8						
9						
10						
11						
12						
13						
14						
15						
16						
17						
18						
19						
20						
21						
22						
23						
24						

编制人签字：　　　　　　审核人签字：　　　　　　审定人签字：

编制单位：××实业有限公司　　　　　　时间：　年　月　日

图 1—30　综合布线教学模型信息点端口对应表

3. 综合布线工程施工图设计

施工图设计就是规定布线路由在建筑物中安装的具体位置，因为布线路由取决于建筑物结构和功能，布线管道一般安装在建筑物立柱和墙体中，使用平面图。

在实际施工图设计中，综合布线部分属于弱电设计工种，不需要画建筑物结构图，只

需要在前期土建和强电设计图中添加综合布线设计内容。

(1) 创建 Visio 绘图文件。首先打开程序，选择创建一个 Visio 绘图文件，同时给该文件命名，例如，命名为："××二层施工图"。把图面设置为 A4 横向，比例为 1∶10，单位为 mm。

(2) 绘制建筑物平面图。按照××教学楼实际尺寸，绘制出建筑物二层平面图，如图 1—31 所示。

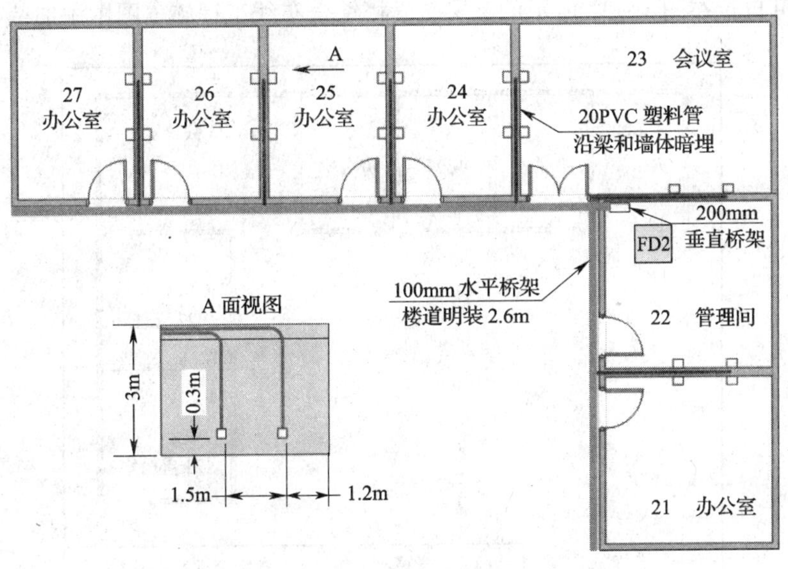

图 1—31　某教学楼二层施工图（参考）

(3) 设计信息点位置。根据图 1—28 所示信息点数量统计表中每个房间的信息点数量，设计每个信息点的位置。例如，25 号房间有 4 个数据点和 4 个语音点，就在两个墙面分别安装 2 个双口信息插座，每个信息插座 1 个数据口，1 个语音口。如图 1—31 所示中 25 号办公室和 A 面视图所示，标出了信息点距离墙面的水平尺寸以及距离地面的高度。为了降低成本，墙体两边的插座背对背安装。

(4) 设计管理间位置。楼层管理间一般紧靠建筑物设备间，根据图 1—26，从图 1—31 可以推断该教学模型的建筑物设备间在一层 11 号房间，一层管理间在隔壁的 12 号房间，垂直子系统桥架也在 12 号房间，因此，就把二层的管理间安排在 22 号房间。

(5) 设计水平子系统布线路由。二层采取楼道明装 100 mm 水平桥架，过梁和墙体暗埋 20PVC 塑料管到信息插座。墙体两边房间的插座共用 PVC 管，在插座处分别引到两个背对背的插座。

(6) 设计垂直子系统布线路由。该建筑物的设备间位于一层的 12 号房间，使用 200 mm 桥架，沿墙垂直安装到二层 22 号房间和三层 32 号房间，并且与各层的管理间机柜连接。

(7) 设计局部放大图。由于该建筑物体积很大，往往在图样中无法绘制出局部细节位置和尺寸，这就需要在图样中增加局部放大图。在图 1—31 中设计了 25 号房间 A 面视图，标注了具体水平尺寸和高度尺寸。

（8）添加文字说明。设计中的许多问题需要通过文字来说明，在图 1—31 中，添加了“100 mm 水平桥架楼道明装 2.6 m”“20PVC 塑料管沿梁和墙体暗埋”，并且用箭头指向说明位置。

（9）增加设计说明。

（10）设计标题栏。

同学们可自行在图 1—32 所示的××教学楼综合布线工程施工图中添加综合布线系统。

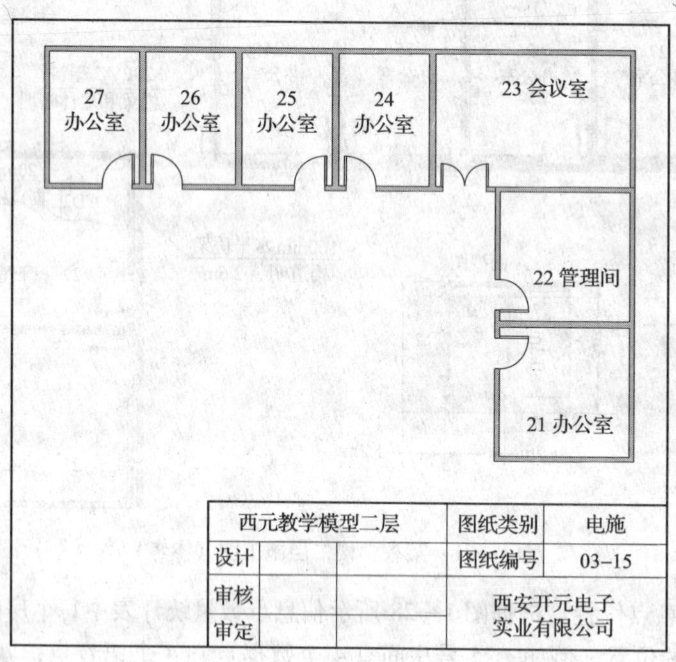

图 1—32　××教学楼综合布线工程施工图

知识巩固

1. 综合布线系统设计采取的步骤有哪些？
2. 综合布线系统设计需注意哪些事项？
3. 动手编制一份设计方案，并在图 1—32 中完成建筑平面图的施工设计。

第四节　工程施工技术

综合布线工程实施是将分散的设备、材料按照网络的设计要求和工艺要求安装起来，组成一个完整的介质传输系统，并经过测试和调试，确保它们满足使用要求。一个成功的网络系统除了要采用优质的硬件、良好的设计外，安装施工也是非常重要的因素。特别是安装的工艺，必须格外重视。安装人员应具备良好的工艺素质和质量意识。

一、施工准备

1. 安全施工教育

施工前一定要制定施工安全措施，做好安全措施检查并填写检查记录，在施工中一定要注意安全防护，应特别注意以下几点。

（1）穿着合适的工装。

（2）工作场所不得吸烟。

（3）严防触电事故的发生。

（4）确保在工作区域内的人身安全。

2. 熟悉施工环境

针对不同的网络施工，施工人员必须要对施工环境有一定的了解，了解施工的房屋建筑物各个部位的具体情况，如线缆安放路径、建筑物的基本建设情况、强电的布放路由等。

3. 准备好图样， 确保施工

根据上一主题设计的图样进行施工，同时严格监督与执行，保证工程质量。同时准备现场调查与开工检查表、工作任务分配表、工作阶段报告、返工通知、下一阶段施工单、现场存料、备忘录、测试报告、制作布线标记系统、验收并形成文档等资料。

4. 施工注意事项

（1）施工现场督导人员要认真负责，及时处理施工过程中出现的各种情况，协调处理意见。

（2）如果现场施工遇到不可预见的问题，应及时向工程单位汇报，并提出解决方法。

（3）对工程单位计划不周的情况，要及时妥善解决。

（4）对工程单位新增加的点要及时在施工图中反映出来。

（5）对部分场地或工段要及时进行阶段性检查验收，确保工程质量。

（6）制作工程进度表，并留有余地。

二、工作区布线与安装

工作区被定义为自信息插座端延伸至用户终端之间的部分，它将用户终端和通信网络连接起来，如图 1—33 所示。

1. 信息插座的安装要求

（1）信息插座安装前需确认所有装修工作已完成，核对信息点编号是否有误。

（2）所有信息插座按标准进行卡接。

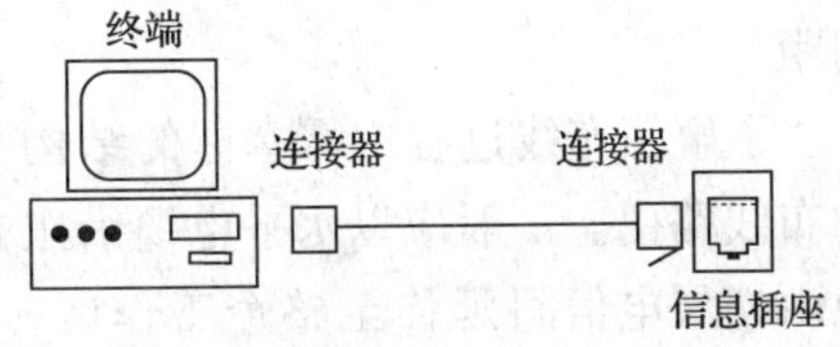

图 1—33　信息插座与终端的连接

（3）安装在地面上的信息插座应采用防水和抗压接线盒。

（4）安装在墙面或柱子上的信息插座底盒、多用户信息插座盒及集合点配线箱体的底部距离地面的高度一般为 30 cm。

（5）每 1 个工作区至少应配置 1 个 220 V 交流电源插座。为便于有源终端设备的使用，信息插座附近最好设置扁圆两用的三孔（或五孔）具有带地端子的 220 V 交流电源插座。

（6）工作区的电源插座应选用带保护接地的单相电源插座，保护接地与零线应严格分开。

（7）信息插座安装完毕后应立即依照平面图在面板上做好编号。

2. 信息模块的压接技术

如图 1—34 所示为 ANSI/TIA/EIA 568 - A 和 568 - B 标准信息插座 8 针引线/线对安排正视图。

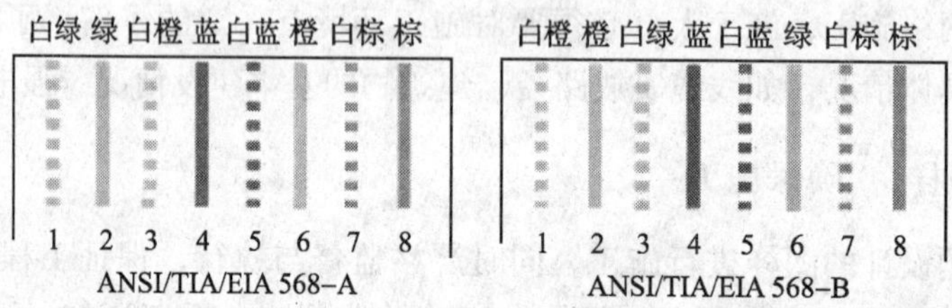

图 1—34 ANSI/TIA/EIA 568 - A 和 568 - B 标准信息插座 8 针引线/线对安排正视图

其注意事项如下：

（1）对绞电缆是成对相互扭绞在一起的，按一定距离扭绞的导线可提高抗干扰能力，减小信号的衰减，压接时一对一对拧开，放入与信息模块相对应的端口上。

（2）在对绞电缆压接处不能扭绞、撕开，并防止有断线的伤痕。

（3）使用压线工具压接时要压实，不能有松动的地方。

（4）对绞电缆解绞不能超过要求。

三、配线（水平）子系统的布线与安装

当研究和设计配线（水平）子系统时，需考虑与设施相关的一些问题，比如家具安装的类型、办公室的物理结构和整体建筑结构。建筑物结构类型可以影响安装缆线时采用的组合方法；办公区域的类型可以决定信息插座的种类。配线电缆路由可以根据办公室的结构来决定。影响配线子系统布线路由的主要因素有建筑物的功能、电磁干扰、外观等。如果在所选路径中存在供电线路时，还要了解低压与高压电缆之间应保持的最小间距。

了解了布线过程中需掌握的结构和规定之后，便可以开始进行场地调查，确定经济的布线路由。一般应以水平电缆沿主要走廊和办公通道捆扎布线为原则设计布局，使电缆由楼层电信间延伸至整个工作区，并考虑电缆接至信息插座的配线部分如何布线才美观。

1. **预埋管线布线**

所谓预埋管线布线，就是将金属管或阻燃高强度 PVC 管直接预埋在混凝土楼板或墙体中，并由电信间向各信息插座辐射，如图 1—35 所示。

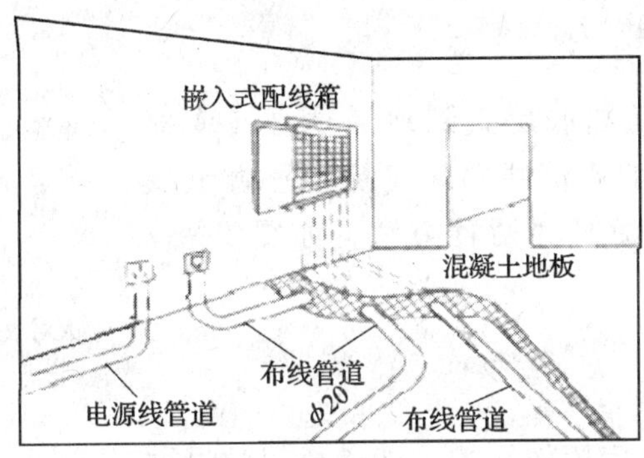

图 1—35 预埋管线布线法

2. **地面金属线槽方式布线**

所谓地面金属线槽方式布线，就是将长方形的线槽安装在现浇楼板或地面垫层中，每隔 4 ~ 8 m 拉一个过线盒或出线盒（在支路上出线盒起分线盒的作用），直到信息点出口的出线盒。这种方式就是将电信间出来的缆线沿地面金属线槽布放到地面出线盒，或由分线盒引出支管到墙上的信息插座，如图 1—36 所示。

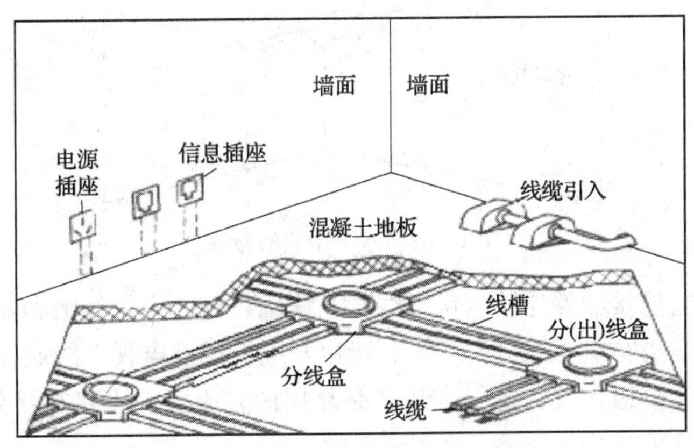

图 1—36 地面金属线槽方式布线

四、干线子系统的布线与安装

ANSI/TIA/EIA 568 – B 标准建议干线子系统的布线系统采用分层星形拓扑结构，并用图标出可选用安装的、能提供高保密性和可靠性的管理间到管理间缆线敷设线路。通常情况下，这种星形拓扑结构安装可通过配线架配置完成。确定实施的拓扑结构将决定路由设计的逻辑方法。一旦了解了路由设计目标，便可开始收集信息，为用户提供可能的路由来选择每种方法的性价比。

当调查干线子系统的最佳路由时，需研究并考虑设施和建筑群的各个方面。布线走向应选择干线电缆最短、经济、确保人员安全的路由。

1. 垂直干线布线安装

垂直干线是在从建筑物底层直到顶层垂直（或称上升）电气竖井内敷设的通信线路。建筑物垂直干线布线可采用电缆孔和电缆竖井两种方法，如图 1—37 所示。

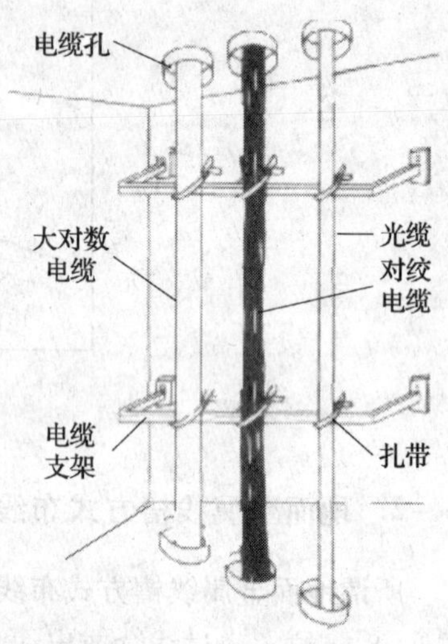

图 1—37　垂直干线的安装

2. 水平干线布线

水平干线布线可以采用桥架线槽、管道托架敷设方式，如图 1—38 所示。

3. 干线电缆的端接

（1）缆线在终接前必须核对缆线标志内容是否正确。

（2）缆线中间不应有接头；缆线终接处必须牢固、接触良好。

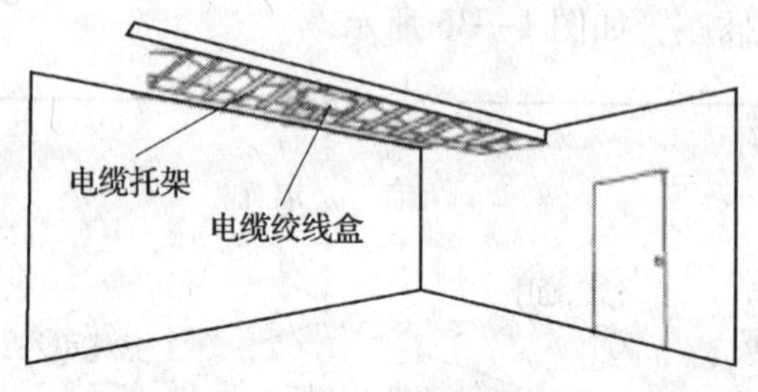

图 1—38　水平干线的布线

（3）对绞电缆与连接器件连接应认准线号、线位色标，不得颠倒和错接。

（4）网络线一定要与电源线分开敷设，可以与电话线及电视天线放在一个线管中。

（5）网络设备需分级连接，主干线是多路复用的，不可能直接连接到用户端设备，所以不必安装太多的缆线。

五、设备间的配置与安装

设备间是大楼中数据、语音主干缆线终接的场所，也是来自建筑群的缆线进入建筑物终接的场所，更是各种数据、语音主机设备及保护设施的安装场所。

设备间内的布线可以采用地板或墙面内沟槽敷设、预埋管槽敷设、机架布线架敷设和活动地板下敷设等方式。如图 1—39 所示就是一种机架布线敷设示例。

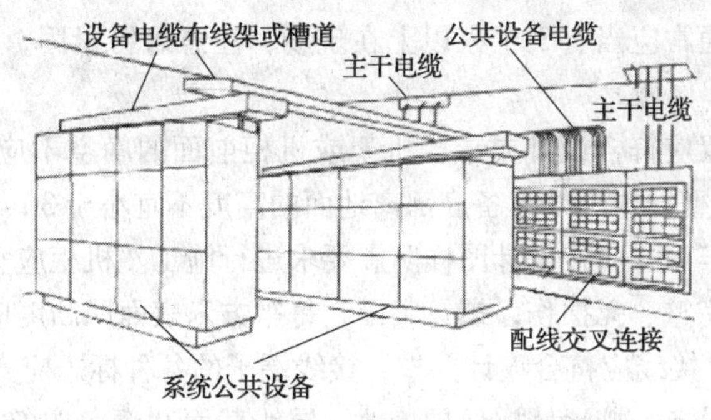

图 1—39　设备间内的机架布线敷设

1. 配线架的安装

安装配线架及终接时，应注意以下几点：

（1）配线架挂墙安装时，下端应高于 30 cm，上端应低于 2 m，配线架挂墙安装时应保证垂直，垂直偏差度不得大于 3 mm。

（2）配线间配线架采用壁挂式机柜包装，机柜垂直倾斜误差不应大于 3 mm，底座水平误差每平方米不应大于 2 mm。

（3）系统终接前应确认电缆和光缆敷设已经完成，电信间土建及装修工程竣工完成，具有洁净的环境和良好的照明条件，配线架已安装好，核对电缆编号无误。

（4）剥除电缆护套时应采用专用电缆开线器，不得刮伤绝缘层，电缆中间不得产生断接现象。

（5）终接前需准备好配线架终接表，电缆终接依照终接表进行。

2. 机柜的安装

机柜安装过程中应当注意以下几个具体细节。如图 1—40 所示为标准机柜连接分布图。

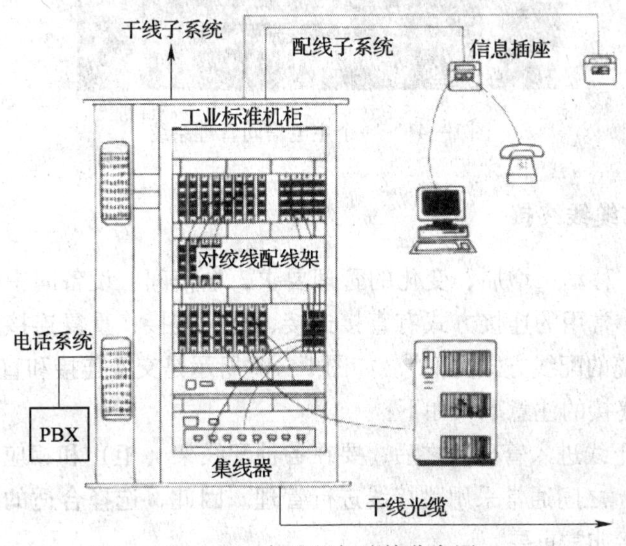

图 1—40　标准机柜连接分布图

（1）机柜安装时通常应当有3个人以上在现场，注意螺钉紧固，不要用力过猛，损坏设备螺口。

（2）机柜安装位置应符合设计要求，机架或机柜前面的净空不应小于80 cm，后面的净空不应小于60 cm。壁挂式配线设备底部离地面的高度不宜小于30 cm。

（3）底座安装应牢固，应按设计图样防震要求进行施工。机柜应垂直放置，柜面水平。

（4）机台表面应完整、无损伤，螺钉紧固，每平方米表面凹凸度应小于1 mm。柜内接插件和设备接触可靠，接线应符合设计要求，接线端子的各种标志应齐全，且保持良好。

（5）机柜内配线设备、接地体、保护接地、导线截面和颜色应符合设计要求。所有机柜应设接地端子，并良好地接入建筑物接地端。

（6）电缆通常从下端进入（有些设备间也从上部进入），并注意穿入后的捆扎，宜将标签进行保护性包扎。电缆宜从机柜两边上升接入设备，当电缆较多时应借助于理线架、理线槽等理清电缆并将标签整理朝外，根据电缆功能分类后进行轻度捆扎。

六、综合布线系统的管理与标志

图1—41所示为一个主电信间管理系统。楼层电信间在楼层范围进行配线管理，配线子系统和干线子系统的缆线在配线架（柜）上进行绞接。

图1—41　一个主电信间管理系统

1. 管理系统的缆线终接

为了适应对用户移动、增加、变化的管理要求，电信间、设备间中的设备均应采用一定的方式进行连接。常用的连接方式有直接连接、交叉连接、重复连接以及混合使用等几种方式（与电话电缆的配线方式类似）。如图1—42所示是交叉连接和直接连接示意图。

管理系统缆线终接的注意事项如下：

（1）当配线和干线进入管理区之后，要在各种配线架（柜）和相应的管理设备上进行终接，配线架（柜）之间通常采用跳接线进行管理。因此，选择合适的配线管理设备，并将其进行良好的连接非常重要。

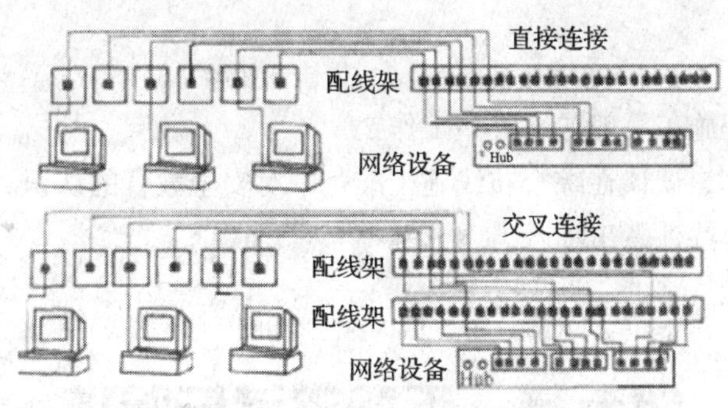

图 1—42 交叉连接和直接连接示意图

（2）在管理系统中，需充分考虑缆线的预留，这不仅可以保证有足够的缆线长度用于连接到配线架，还可逐步消除在网络布线施工中形成的缆线拉力。否则，可能会影响到通信网络系统的可靠性。

（3）在布线安装时，不能将所有的缆线紧紧地捆绑成一束，因为这不利于消除缆线的残余应力，还可能增大缆线之间的相互干扰。而应将各种类型的通信缆线分开，选择各自最合适的位置，分别使用线套或绑扎绳将缆线扎成很多小束；然后经过线槽之类的设备，将缆线束盘绕起来，保留一定的余量；最后，再安装连接到各自的配线设备上去。

2. 布线系统的标志

（1）标签的选用。标签的选用应符合以下要求：

1）选用粘贴型标签时，缆线应采用环套型标签，标签在缆线上至少应缠绕一圈或一圈半，配线设备和其他设施应采用扁平型标签。

2）标签衬底应耐用，可适应各种恶劣环境；不可将民用标签应用于综合布线工程；插入型标签应设置在明显位置，固定牢固。

（2）布线系统的标志。综合布线系统中各部分的标志应相互联系，互为补充。

1）应在缆线两端都予以标志，严格地说，每隔一段距离就要进行标志，而且要在维修口、接续处、牵引盒处的电缆位置进行标志；从材料和应用的角度来讲，缆线的标签还要通过 UL969 认证。

2）空间标志和接地标志要求清晰、醒目，让人一眼就能注意到。

3）配线架和面板的标志除了要清晰、简洁易懂外，还要美观。

4）对于跳线的标志，要求使用带有透明保护膜（带白色打印区域和透明尾部）的耐磨损、抗拉伸的标签材料（如乙烯基）。使用这种包裹和伸展性的材料做标签，即使缆线弯曲、变形以及经常磨损，也不会使标签脱落和字迹模糊不清。

5）面板和配线架的标签要使用连续标签，以聚酯材料为好，可以满足外露的要求。由于各厂家的配线架规格不同，有 6 口、4 口之分，标志宽度也不同，所以选择标签时，宽度和高度也要多加注意。

知识巩固

1. 综合布线工程施工一般包含哪些工作？
2. 结合相关案例，谈谈在综合布线施工准备中对安全教育的认识。
3. 布线标志有哪些注意事项？

第五节　工程测试与验收

综合布线工程的测试与验收是施工方向用户方移交网络的正式手续，也是用户对工程的认可手段。只有通过了用户方的检测认可，工程才算基本完工。综合布线工程的测试主要是测试工程的布线系统是否符合要求，如果布线系统的性能指标达不到要求，会对网络的整体性能产生较大的影响。工程测试是综合布线工程建设中一个非常重要的环节。

一、双绞线链路测试

1. 设备测试

在综合布线工程中，用于测试双绞线链路的设备通常有通断测试与分析测试两大类。前者主要用于链路的简单通断性判定，如图 1—43 所示为“能手”测试仪。后者主要用于链路性能参数的确定，如图 1—44 所示为 FLUKE DTX 系列产品。下面主要介绍 DTX 系列产品的性能和测试模型。

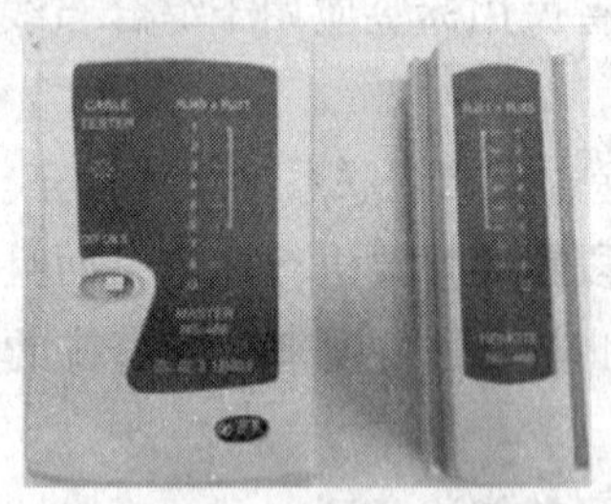

图 1—43　“能手”测试仪

图 1—44　FLUKE DTX 系列产品

（1）软件测试。LinkWare 软件可完成测试结果的管理，显示各种格式的测试报告，如图形和纯文本等。同时，LinkWare 软件具有强大的统计功能，可以对单个信息点进行单项参数数据统计。

（2）测试仪器精度。若测试结果中出现“ * ”，表示该结果处于测试仪器的精度范围内，测试仪无法准确判断。测试仪器的精度范围也被称为“灰区”。高精度的永久链路适配器和匹配性能好的插头可直接提升测试仪器精度。

2. 模型测试

（1）基本链路模型。基本链路包括三部分：最长为 90 m 的水平布线电缆、两端接插件和两条 2 m 测试设备跳线。如图 1—45 所示为基本链路连接模型。

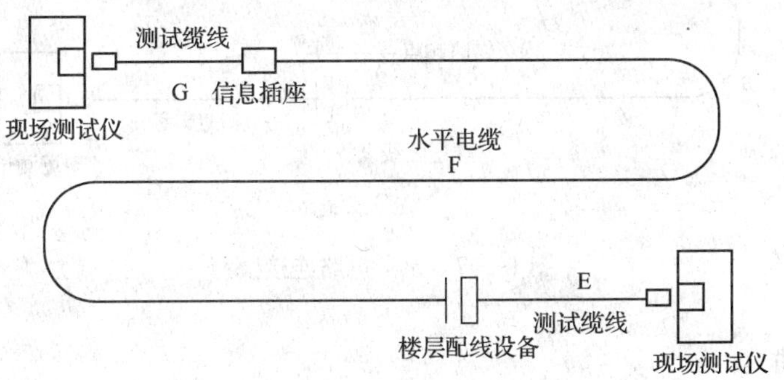

图 1—45　基本链路连接模型

（2）信道模型。信道是指从网络设备跳线到工作区跳线间端到端的连接，它包括了最长为 90 m 的水平布线电缆、两端接插件、一个工作区转接连接器、两端连接跳线和用户终端连接线，信道最长为 100 m。如图 1—46 所示为信道连接模型。

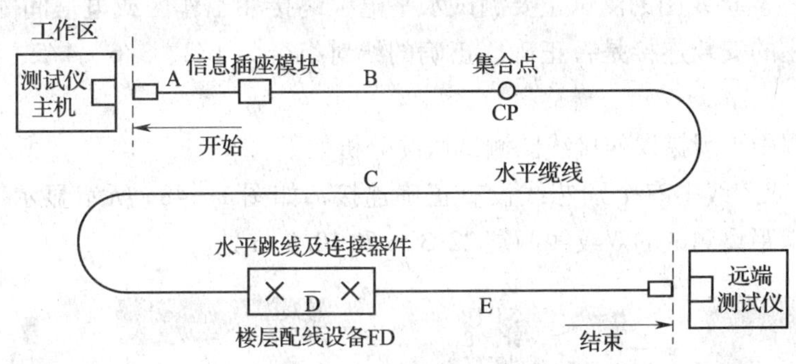

图 1—46　信道连接模型

（3）永久链路模型。永久链路又称为固定链路，它由最长为 90 m 的水平布线电缆、两端接插件和转接连接器组成，如图 1—47 所示为永久链路连接模型。H 为从信息插座至楼层配线设备（包括集合点）的水平布线电缆，$H \leqslant 90$ m。

3. 测试类型

从工程的角度可将综合布线工程的测试分为两类：验证测试和认证测试。

验证测试一般是在施工的过程中由施工人员边施工边测试，以保证所完成的每一个连接的正确性。

认证测试是指对布线系统依照标准进行逐项检测，以确定布线是否达到设计要求，包括连接性能测试和电气性能测试。认证测试通常分为自我认证和第三方认证两种类型。

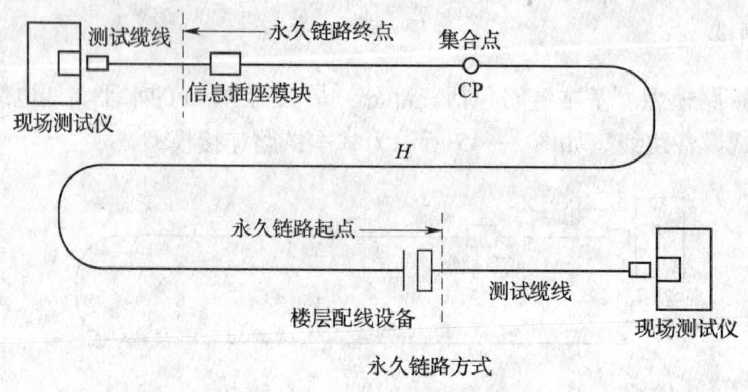

图 1—47　永久链路连接模型

4. 测试标准

布线的测试首先是与布线的标准紧密相关的。布线的现场测试是布线测试的依据，它与布线的其他标准息息相关，更详细的资料可以直接参考标准原件。

5. 测试技术参数

（1）接线图。接线图的测试主要测试水平电缆终接在工作区或电信间配线设备的 8 位模块式通用插座的安装连接是否正确。正确的线对组合为 1/2、3/6、4/5、7/8，分为非屏蔽和屏蔽两类。

对布线过程中出现错误的接线图测试情况分析如下：

1）开路。双绞线中有个别芯线没有正确连接，如图 1—48a 所示显示第 8 芯线断开，且中断位置分别距离测试的双绞线两端 22. 3 m 和 10. 5 m 处。

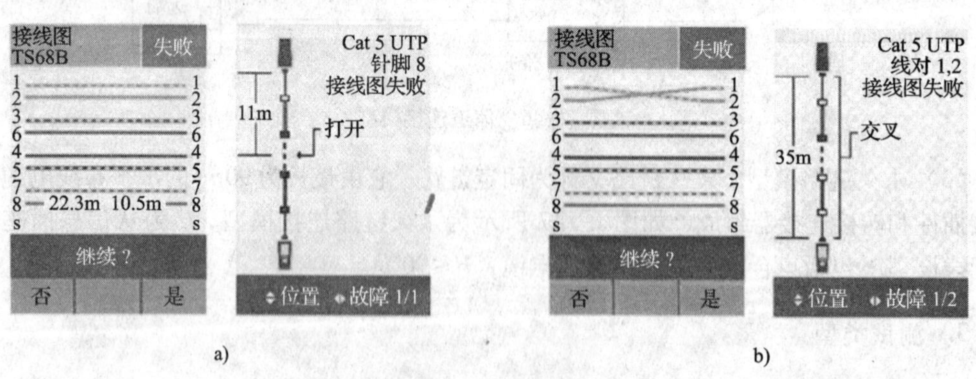

图 1—48　布线过程中出现错误的接线图

a）第 8 芯线断开　b）1、2 芯线交叉

2）反接/交叉。双绞线中有个别芯线对交叉连接，如图 1—48b 所示显示 1、2 芯线交叉。

3）短路。双绞线中有个别芯线对铜芯直接接触。

4）跨接/错对。双绞线中有个别芯线对线序错接。

（2）长度。长度为被测双绞线的实际长度。长度测量的准确性主要受几个方面的影响：缆线的额定传输速度（NVP）、双绞线长度与外皮护套的长度，以及沿长度方向的脉冲散射。

（3）传输时延。传输时延为被测双绞线的信号在发送端发出后到达接收端所需要的时间，最大值为555 ns。

（4）插入损耗。衰减或者插入损耗为链路中传输所造成的信号损耗（以分贝 dB 表示）。

（5）串扰。串扰是测量来自其他线对泄露过来的信号。

（6）综合近端串扰。综合近端串扰（PS NEXT）是一对线感应到所有其他线对对近端串扰的总和。

（7）回波损耗。回波损耗是由于缆线阻抗不连续/不匹配所造成的反射。产生原因是特性阻抗之间的偏离、体现在缆线生产过程中发生的变化、连接器件和缆线的安装过程。

（8）衰减串扰比。衰减串扰比（ACR）类似信号噪声比，用来表征经过衰减的信号和噪声的比值，ACR = NEXT 值 - 衰减，数值越大越好。

6. 项目测试

（1）确定测试标准。该工程为国内工程，所以使用目前国内普遍使用的 ANSI/TIA/EIA 568 - B 标准测试。

（2）确定测试链路标准。为了保证缆线的测试精度，采用永久链路测试。

（3）确定测试设备。项目全部使用 6 类线进行敷设，所以测试时必须选用 FLUKEDTX 的 6 类双绞线模块进行。

（4）测试信息点。

（5）分析测试数据。

二、光纤链路测试

1. 设备测试

在综合布线工程中，用于光缆的测试设备也有多种，其中，FLUKE 系列测试仪就可以通过增加光纤模块实现光缆链路测试。这里主要介绍 OptiFiber 多功能光缆测试仪。

（1）OptiFiber 多功能光缆测试仪的功能。可以实现专业测试光纤链路的链路 OTDR 状态。

（2）界面介绍。OptiFiber 多功能光缆测试仪界面如图 1—49 所示。

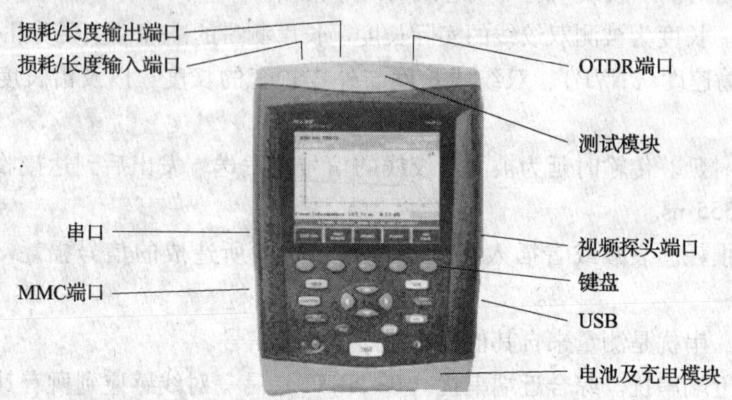

图 1—49　OptiFiber 多功能光缆测试仪界面

（3）光缆端截面检查器。光缆端截面检查器（见图 1—50）可直接检查配线架或设备光口的端截面，比传统的放大镜速度快 10 倍，同时也可避免眼睛直视激光所造成的伤害。

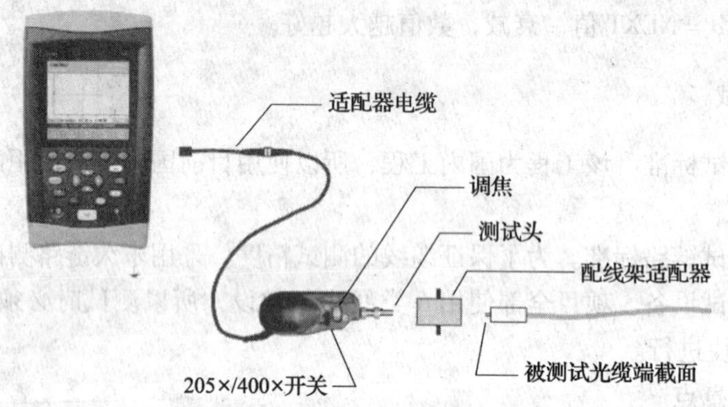

图 1—50　光缆端截面检查器

2. 光纤测试标准

（1）通用标准。一般为基于电缆长度、适配器以及接合的可变标准。

（2）LAN 应用标准。

（3）特定应用标准。每种应用的测试标准是固定的，例如，10BASE－FL，Token Ring，ATM。

TIA/EIA568－B.3 标准主要定义了光缆、连接器和链路长度的标准。

1）光缆每千米最大衰减（850 nm）3.75 dB。

2）光缆每千米最大衰减（1 300 nm）1.5 dB。

3）光缆每千米最大衰减（1 310 nm、1 550 nm）1.0 dB。

在连接器（双工 SC 或 ST）中，适配器最大衰减 0.75 dB，熔接最大衰减 0.3 dB。

TIA TSB140 标准在 2004 年 2 月被批准，主要对光缆定义了两个级别的测试。

①级别 1：测试长度与衰减，使用光损耗测试仪或 VFL 验证极性。

②级别 2：级别 1 加上 OTDR 曲线，证明光缆的安装没有造成性能下降的问题。

3. 测试技术参数

（1）衰减

1）衰减是指光沿光纤传输过程中光功率的减少。

2）对光纤网络总衰减的计算：光纤损耗（LOSS）是指光纤输出端的功率（power out）与发射到光纤时的功率（power in）的比值。

3）损耗是同光纤的长度成正比的。

4）光纤损耗因子：用来反映光纤衰减的特性。

（2）回波损耗。回波损耗又称为反射损耗，它是指在光纤连接处，后向反射光相对于输入光的比率的分贝数。改进回波损耗的有效方法是，尽量将光纤端面加工成球面或斜球面。

（3）插入损耗。插入损耗是指光纤中的光信号通过活动连接器之后，其输出光功率相对于输入光功率的比率的分贝数，插入损耗越小越好。

（4）OTDR 参数。OTDR 测量的是反射的能量而不是传输信号的强弱。

4. 项目测试

（1）确定测试标准。由于该工程为国内工程，所以使用目前国内普遍使用的 TIA TSB140 标准进行测试。

（2）确定测试设备。选择 FLUKE－DTX－FTM 的光纤模块进行测试。

（3）测试信息点。

（4）分析测试数据。通过专用线将结果导入计算机中，通过 LinkWare 软件即可查看相关结果。

三、系统验收

1. 工程验收人员组成

验收是整个工程中最后的部分，同时标志着工程的全面完工。为了保证整个工程的质量，需要聘请相关行业的专家参与验收。综合布线系统工程验收领导小组可以考虑聘请以下人员。

（1）工程双方单位的行政负责人。

（2）有关直接管理人员和项目主管。

（3）主要工程项目监理人员。

（4）建筑物设计施工单位的相关技术人员。

（5）第三方验收机构或相关技术人员组成的专家组。

2. 工程验收分类

（1）开工前检查。工程验收应从工程开工之日起就开始。从工程材料的验收开始，严把产品质量关，保证工程质量，开工前的检查包括设备材料检验和环境检查。

（2）随工验收。在工程中随时考核施工单位的施工水平和施工质量，对产品的整体技术指标和质量有一个了解，部分验收工作应随工程进行。

（3）初步验收。对所有的新建、扩建和改建项目，都应在完成施工调试、测试之后进行初步验收。

（4）竣工验收。综合布线系统接入电话交换系统、计算机局域网或其他弱电系统，在试运行后的半个月内，由建设方向上级主管部门报送竣工报告，并请示主管部门组织对工程进行验收。

3. 验收内容

对综合布线系统工程验收的主要内容为：环境检查、器材及测试仪表工具检查、设备安装检验、缆线敷设和保护方式检验、缆线终接和工程电气测试等。

（1）环境检查。工作区、电信间、设备间的检查内容如下：

1）工作区、电信间、设备间土建工程已全部竣工。房屋地面平整、光洁，门的高度和宽度应符合设计要求。

2）房屋预埋线槽、暗管、孔洞和竖井的位置、数量、尺寸均应符合设计要求。

3）铺设活动地板的场所，活动地板防静电措施及接地应符合设计要求。

4）应提供220 V带保护接地的单相电源插座。

5）应提供可靠的接地装置，接地电阻值及接地装置的设置应符合设计要求。

6）电信间、设备间的位置、面积、高度、通风、防火、湿度等应符合设计要求。

建筑物进线间及入口设施的检查内容如下：

1）引入管道与其他设施如电气、水、煤气、下水道等的位置间距应符合设计要求。

2）引入缆线采用的敷设方法应符合设计要求。

3）管线入口部位的处理应符合设计要求，并应检查是否采取排水及防止气、水、虫等进入的措施。

4）进线间位置、面积、高度、照明、电源、接地、防火、防水等应符合设计要求。

（2）器材及测试仪表工具检查

1）工程所用缆线和器材的品牌、型号、规格、数量、质量应在施工前进行检查，应符合设计要求并具备相应的质量文件或证书。

2）综合布线系统的测试仪表应能测试相应类别工程的各种电气性能及传输特性，其精度应符合相应要求。

（3）设备安装检验。

（4）缆线敷设和保护方式检验。

（5）缆线终接。

（6）工程电气测试。

（7）管理系统验收

1）管理系统的记录文档应详细完整并汉化。

2）标识符应包括安装场地、缆线终端位置、缆线管道、水平链路、主干缆线、连接器件、接地等类型的专用标识，系统中每一组件应指定一个唯一标识符。

3）每根缆线应指定专用标识符，标在缆线的护套上或在距每一端护套300 mm内设置标签，缆线的终接点应设置标签标记指定的专用标识符。

（8）工程验收

1）竣工技术文件。工程竣工后，施工单位应在工程验收以前将工程竣工技术资料交给建设单位。综合布线系统工程的竣工技术资料应包括以下内容：安装工程量；工程说明；设备、器材明细表；竣工图样；测试记录；工程变更、检查记录及施工过程中需更改设计或采取的相关措施，建设、设计、施工单位之间的洽商记录；随工验收记录等。

2）工程内容。综合布线系统工程应按表1—1、表1—2和表1—3所列项目、内容进行检验。检测结论作为工程竣工资料的组成部分及工程验收的依据之一。

表1—1　　检验项目及内容1

阶段	验收项目	验收内容	验收方式
施工前检查	1. 环境要求	（1）土建施工情况：地面、墙面、门、电源插座及接地装置；（2）土建工艺：机房面积、预留孔洞；（3）施工电源；（4）地板铺设；（5）建筑物入口设施检查	施工前检查
	2. 器材检验	（1）外观检查；（2）形式、规格、数量；（3）电缆及连接器件电气性能测试；（4）光纤及连接器件特性测试；（5）测试仪表和工具的检验	
	3. 安全、防火要求	（1）消防器材；（2）危险物的堆放；（3）预留孔洞防火措施	
设备安装	1. 电信间、设备间、设备机柜、机架	（1）规格、外观；（2）安装垂直度、水平度；（3）油漆不得脱落，标志完整齐全；（4）各种螺钉必须坚固；（5）抗震加固措施；（6）接地措施	随工检验
	2. 配线模块及8位模块式通用插座	（1）规格、位置、质量；（2）各种螺钉必须拧紧；（3）标志齐全；（4）安装符合工艺要求；（5）屏蔽可靠连接	
电、光缆布放（楼内）	1. 电缆桥架及线槽布放	（1）安装位置正确；（2）安装符合工艺要求；（3）符合布放缆线工艺要求；（4）接地	随工检验
	2. 缆线暗敷（包括暗管、线槽、地板下等方式）	（1）缆线规格、路由、位置；（2）符合布放缆线工艺要求；（3）接地	隐蔽工程签证

表 1—2　　　　　　　　　　　**检验项目及内容 2**

阶段	验收项目	验收内容	验收方式
电、光缆布放（楼间）	1. 架空缆线	（1）吊线规格、架设位置、装设规格；（2）吊线垂度；（3）缆线规格；（4）卡、挂间隔；（5）缆线的引入符合工艺要求	随工检验
	2. 管道缆线	（1）使用管孔孔位；（2）缆线规格；（3）缆线走向；（4）缆线的防护设施的设置质量	隐蔽工程签证
	3. 埋式缆线	（1）缆线规格；（2）敷设位置、深度；（3）缆线的防护设施的设置质量；（4）回土夯实质量	
	4. 通道缆线	（1）缆线规格；（2）安装位置，路由；（3）土建符合工艺要求	
	5. 其他	（1）通信线路与其他设施的间距；（2）进线室设施安装、施工质量	随工检验、隐蔽工程签证
缆线终接	1. 8 位模块式通用插座	符合工艺要求	随工检验
	2. 光纤连接器件		
	3. 各类跳线		
	4. 配线模块		

表 1—3　　　　　　　　　　　**检验项目及内容 3**

阶段	验收项目	验收内容	验收方式
系统测试	1. 工程电气性能测试	（1）接线图；（2）长度；（3）衰减；（4）近端串音；（5）近端串音功率和；（6）衰减串音比；（7）衰减串音比功率和；（8）等电平远端串音；（9）等电平远端串音功率和；（10）回波损耗；（11）传播时延；（12）传播时延偏差；（13）插入损耗；（14）直流环路电阻；（15）设计中特殊规定的测试内容；（16）屏蔽层的导通	竣工检验
	2. 光纤特性测试	（1）衰减；（2）长度	
管理系统	1. 管理系统级别	符合设计要求	
	2. 标识符与标签设置	（1）专用标识符类型及组成；（2）标签设置；（3）标签材质及色标	
	3. 记录和报告	（1）记录信息；（2）报告；（3）工程图样	
工程总验收	1. 竣工技术文件	清点，交接技术文件	
	2. 工程验收评价	考核工程质量，确认验收结果	

知识巩固

1. 综合布线中常用的测试仪器有哪些？
2. 双绞线测试的指标有哪些？分别代表什么含义？
3. 光纤测试的指标有哪些？分别代表什么含义？
4. 结合以上信息，谈谈为什么要进行工程测试与验收？

思考与练习

1. 综合布线系统包含哪几个方面？
2. 常见的综合布线系统施工需要用到哪些材料与工具？
3. 结合身边的楼宇，谈谈如何进行楼宇智能化前的综合布线系统设计。

第二章　计算机网络及通信系统

本章提示

本单元主要介绍智能楼宇计算机网络及通信系统的基本知识，并对该系统常用设备、设计方法、施工技术、测试手段进行说明。

第一节　计算机网络系统的基本概念

21 世纪已进入计算机网络时代。计算机网络极大普及，计算机应用已进入更高层次，计算机网络成了计算机行业的一部分。新一代的计算机已将网络接口集成到主板上，网络功能已嵌入到操作系统之中，智能大楼的兴建已经和计算机网络布线同时、同地、同方案施工。随着通信和计算机技术的紧密结合与同步发展，我国的计算机网络技术正在飞速发展。

一、计算机网络系统的概念与功能

计算机网络系统是指将地理位置不同的具有独立功能的多台计算机及其外部设备通过通信线路连接起来，在网络操作系统、网络管理软件及网络通信协议的管理和协调下，实现资源共享和信息传递的计算机系统。如图 2—1 所示为计算机网络系统示例。

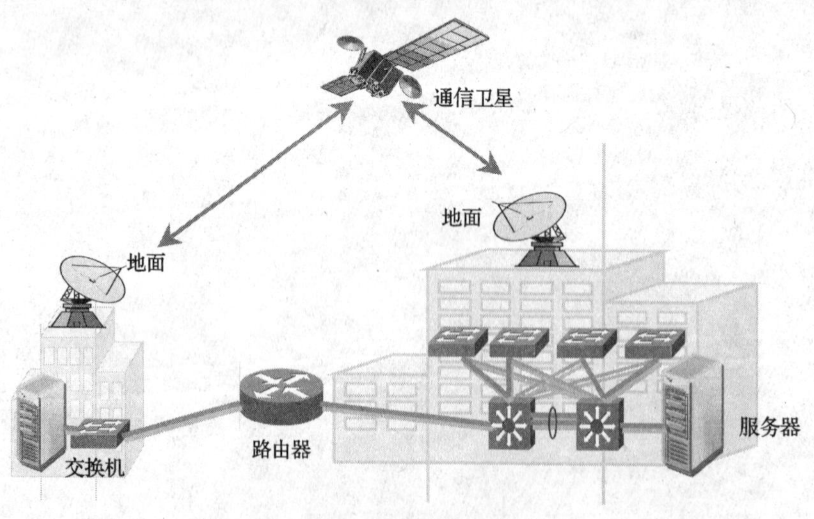

图 2—1　计算机网络系统示例

从以上定义可以得出以下结论：

（1）计算机网络存在的主要目的在于解决计算机之间的数据通信和相互资源的共享。

（2）计算机网络系统是一个复杂的软硬件系统，不仅包括计算机、通信设备、通信线路等相关硬件，还需要多种网络软件的密切配合和支持。

（3）计算机网络主要包含网络连接对象（即元件）、网络传输介质、网络连接的控制机制（如各种通信协议和网络软件）和网络连接的方式与结构这四个方面的内容。

计算机网络具有如下主要作用和功能。

1. 数据通信

数据通信是指实现计算机与终端、计算机与计算机间的数据传输，是计算机网络最基本的功能，也是实现其他功能的基础。例如，计算机在电子邮件、传真、远程数据交换等方面的应用。

2. 资源共享

资源共享是指通过计算机网络可实现硬件资源、软件资源和数据资源的共享，是建立计算机网络的主要目的所在。

（1）数据共享：在计算机网络中可共享各种数据文档，如数据库资源。

（2）软件共享：在计算机网络中可共享各种语言处理程序和各类应用程序。

（3）硬件共享：在计算机网络中可共享服务器、计算机或打印机等设备。

3. 提高系统可靠性

提高计算机系统可靠性主要表现在计算机网络中每台计算机都可以通过计算机网络相互成为后备节点，在某台计算机出现故障后，其他计算机可以立即运行由故障机承担的任务，从而避免了系统的瘫痪，大大提高了计算机系统的可靠性。

4. 分布处理

分布处理是指在计算机网络中，用户可合理选择计算机网络内的资源进行相应的数据处理，对于较复杂的问题，还可以通过算法将任务交给不同计算机分别进行处理，从而达到均衡网络资源的目的。此外，还可以通过网络技术，将多台计算机连接成计算机系统，以并行的方式实现高性能运算，这也被称为协同式计算机网络计算。

5. 负载平衡

负载平衡是指在具有分布处理能力的计算机网络中，运行任务被相对均匀地分配给网络上的各台计算机，系统能根据计算机运行负载的大小来转移任务，从而实现计算机网络的负载平衡。

二、计算机网络系统组成

计算机网络系统由网络软件系统和网络硬件系统组成。

1. 网络软件系统

网络软件系统包括网络操作系统、通信软件和网络协议及网络应用软件等。

（1）网络操作系统（NOS）。网络操作系统是为使联网的计算机能方便而有效地共享网络资源，为网络用户提供所需的各种服务软件和相关规程的集合。

网络操作系统运行于服务器上，除了具有一般操作系统的处理机管理、存储器管理、设备管理和文件管理功能外，还要具备以下两大功能：一是提供高效、可靠的网络通信功能，以实现计算机之间高效可靠的通信；二是为网上用户提供多种网络服务功能，例如，文件传输服务功能、电子邮件服务功能、远程打印服务功能等。

目前常用的网络操作系统有 Windows 系列、UNIX 系列和 Linux 系列等。

（2）通信软件。通信软件是用以监督和控制通信工作的软件。它不仅是计算机网络软件的基础组成部分，还具有在计算机与自带终端或其他计算机之间实现通信的功能。通信软件通常由线路缓冲区管理程序、线路控制程序以及报文管理程序组成。

（3）网络协议（Network Protocol）。网络协议是计算机网络中互相通信的对等实体间交换信息时必须遵守的规则集合，简而言之，是为进行网络数据交换而建立的规则、标准或约定，是网络软件系统的重要组成部分。

一条网络协议至少包括三个基本要素：语法，约定数据与控制信息的结构和格式；语义，用以说明通信双方如何操作及应答方式；时序，用以详细说明事件实现的先后顺序。

目前常用的协议有基于网络互连的 TCP/IP 协议和局域网 IEEE 802. X 协议。

TCP/IP 协议现已成为网络互连的基本标准，包含两个核心协议：TCP 协议——传输控制协议和 IP 协议——网际协议。

2. 网络硬件系统

网络硬件系统包括网络服务器、网络工作站、网络传输介质和网络设备等。

（1）网络服务器（Server）。网络服务器是向网络内工作站提供各类服务的计算机，是网络的核心。其最主要的作用是运行网络操作系统，同时存储、管理网络中的共享资源，并具有对各工作站的程序服务和监控功能。网络服务器通常要具有速度快、容量大、可靠性高的特点。

（2）网络工作站（Working Station）。网络工作站是用户和网络的接口设备，用户通过它可以与网络交换信息，共享网络资源。通常，网络工作站也可称为客户机（Client），通过网卡、通信介质以及通信设备连接到网络服务器，实现网络的访问和资源的获取。

（3）网络传输介质。网络传输介质是指在网络中传输信息的载体。其作用是形成通信网络中发送方和接收方之间的一条物理通信线路。常用的网络传输介质分为有线传输介质和无线传输介质两大类。有线传输介质有双绞线、同轴电缆、光缆（纤）；无线传输介质有红外线、微波、卫星信道、激光信道等。

1）双绞线（Twisted Pair）。双绞线是由两根相互绝缘的导线按照一定的规格螺旋状缠

绕（一般以顺时针缠绕）排列在一起的一种通用配线。双绞线可分为屏蔽双绞线（STP）与非屏蔽双绞线（UTP），其中屏蔽双绞线在双绞线与外层绝缘封套间有一个金属屏蔽层，可减少辐射并降低外部电磁干扰。按照双绞线线径粗细及相应的技术规格，又可分为：1 类线（CAT1）至 7 类线（CAT7），其中 5 类线（CAT5）和超 5 类线（CAT5e）的最高传输速率分别可达 100 Mbit/s 和 1 000 Mbit/s，广泛应用于百兆以太网和千兆以太网连接中。非屏蔽双绞线电缆的抗电磁干扰能力较弱，但具有节省空间、成本低、质量轻、易弯曲、易安装、可同时传输模拟信号和数字信号等优点，其最长传输距离一般为 100 m，适用于楼宇内的结构化综合布线。

2）同轴电缆（Coaxial Cable）。同轴电缆是由两根同轴心、相互绝缘的圆柱形金属导体构成基本单元（同轴对），再由单个或多个同轴对组成的电缆。同轴电缆从里到外共由四层组成：中心铜线，塑料绝缘体，网状导电层和外层绝缘材料。常用的同轴电缆有两类：基带同轴电缆和宽带同轴电缆。基带同轴电缆一般为细缆，其阻抗是 50 Ω，通常用于数字传输，传输带宽为 1 ~ 20 MHz，最大传输距离为 185 m，并要与 50 Ω 的 T 型连接器配合使用；宽带同轴电缆一般为粗缆，其阻抗是 75 Ω，适用于模拟传输，常用于 CATV 网，故也称为 CATV 电缆，传输带宽可达 1 GHz，最大传输距离为 1 000 ~ 2 000 m。

3）光缆（Optical Fiber Cable）。光缆是由光导纤维（光纤）缆芯、包层、吸收外壳和保护层这四部分组成的通信线缆。其内部由两层折射率不同的材料组成：内层由高折射率的玻璃单根纤维体组成，外层则是一层折射率较低的材料。按照光在光纤中的传输模式，光纤可分为单模光纤（Single Mode Fiber）和多模光纤（Multiple Mode Fiber）。单模光纤只能传送一种模式的光，有效传输距离为数十千米，适用于远程通信。多模光纤容许不同模式的光在一根光纤上传输，在千兆网中，多模光纤最高可支持 550 m 的传输距离。在百兆以太网中，多模光纤最高可支持 2 000 m 的传输距离。

与其他传输介质相比较，光缆具有直径小、质量轻、频带宽、误码率低、传输距离远、不受电磁干扰、保密性很好等优点，适用于作为局域网和广域网的主干网络介质。

（4）网络设备。网络设备通常包括网卡、中继器、集线器、网桥、交换机、路由器、网关等。

1）网卡（Network Interface Card）如图 2—2 所示。网卡也称为网络接口卡（NIC）或网络适配器（Adapter），是连接计算机与网络的硬件接口设备。网卡的主要功能是实现数据的封装与解封，即将来自于本机的数据封装为数据包并向网络上进行转发，同时要将来自于网络的数据进行解封并传送给本机。为了实现数据传输，网卡还具有链路管理和编码与译码功能。每一块网卡在出厂时都会为其分配一个唯一的物理地址（MAC），以区别于其他所有网卡。

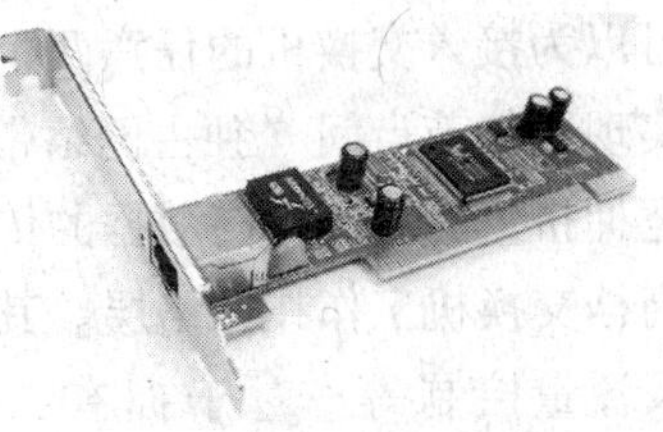
图 2—2　网卡示例

根据网卡支持的总线接口，网卡可分为 ISA 网卡、EISA 网卡、PCI 网卡、USB 网卡。

根据网卡连接的传输介质，网卡可分为连接双绞线的 RJ - 45 接口网卡、连接细缆的

BNC 接口网卡、连接粗缆的 AUI 接口网卡。

根据网卡的速度，网卡则可分为 10 Mbit/s 网卡、100 Mbit/s 网卡、10/100 Mbit/s 自适应网卡、1 000 Mbit/s 网卡以及 10 000 Mbit/s 光纤网卡。

根据网卡的工作原理，网卡又可分为 ATM（异步传输技术）网卡、令牌环（Token Ring）网卡、以太网（Ethernet）网卡。目前最常用的网卡均是以太网网卡。

2）中继器（Repeater）如图 2—3 所示。中继器工作于物理层，是两个网络节点之间进行物理信号双向转发的网络互连设备。其主要作用是：通过对传输信号的整形与放大，来避免干线上的传输信号因衰减而失真，从而延长信号的传输距离，扩展局域网的连接范围。

3）集线器（Hub）如图 2—4 所示。集线器又称为集中器，是作为网络中枢连接各类节点，从而形成星形结构的一种网络设备。集线器的主要功能是对来自网络的信号进行再生、整形和放大，以扩大网络的传输距离，并把所有节点连接并集中起来。集线器的工作原理类似于中继器，同样工作在物理层，也可视为多口中继器，目前常用于对通信速率要求不高的局域网组网。

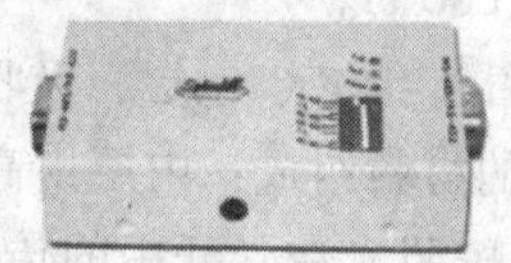

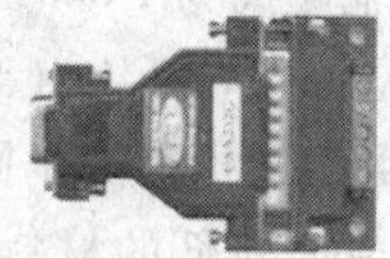

图 2—3　中继器示例

图 2—4　集线器示例

4）网桥（Bridge）如图 2—5 所示。网桥工作在数据链路层，是实现多个网络协议相同或兼容局域网（网段）连接并进行管理的网络互连设备。它要求两个互连网络在数据链路层以上采用相同或兼容的网络协议。其主要作用是将网络内多个网段加以连接，并对网络数据的流通进行过滤、转发、隔离等管理操作，从而提高网络的可靠性和安全性。网桥既可以是专门的硬件设备，也可以由计算机安装多个网络适配器（网卡），并安装相应的网桥软件来实现。

5）交换机（Switch）如图 2—6 所示。交换机是一种新型的电信号转发网络互连设备，可以为接入交换机的任意两个网络节点提供独享的电信号通路。与集线器相比，交换机能实现网络节点间“独占网络带宽”式的通信，避免了“共享网络带宽”式通信所带来的带宽拥挤，有利于提高数据的传输速率和可靠性。交换机一般工作在数据链路层，也有部分高档交换机工作在网络层。其主要功能有物理编址、网络拓扑结构、错误校验、帧序列以及流量控制等。对于拥有二层交换、三层交换技术的交换机，还可以实现虚拟子网（VLAN）划分、访问列表控制、路由管理等多种网络管理功能。

6）路由器（Router）如图 2—7 所示。路由器工作于网络层，要求网络层以上的高层协议相同或兼容，用以实现不同类型的局域网互连，或实现局域网与广域网的互连。路由器可以实现网络层以下各层协议的转换，除了具备网桥的全部功能外，还有路由选择功能。

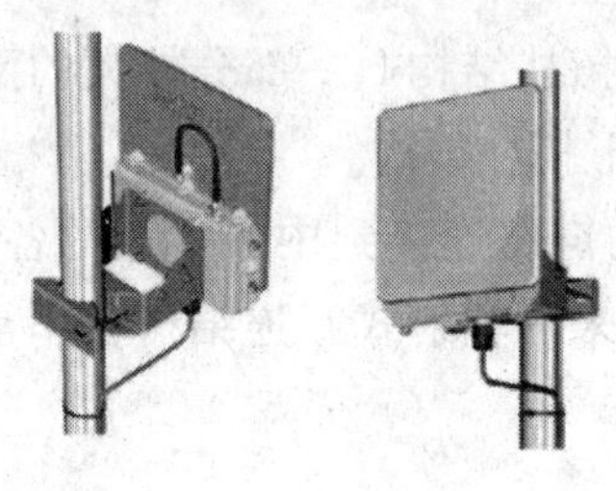

图 2—5　网桥示例

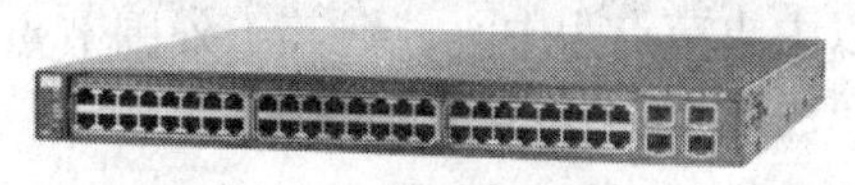

图 2—6　交换机示例

7）网关（Gateway）如图 2—8 所示。网关又称为网间连接器、网间协议转换器，其工作于 OSI 模型中的多个层面（传输层、会话层、表示层、应用层）。网关是在采用不同体系结构或协议的网络之间进行互通时，用于提供协议转换、路由选择、数据交换等网络兼容功能的网络互连设备。网关继承了路由器的全部功能，同时还提供协议之间的转换，因此，既可以用于广域网互连，也可以用于局域网互连。

图 2—7　路由器示例

图 2—8　网关示例

三、计算机网络系统分类

计算机网络可按网络拓扑结构、网络涉辖范围和互连距离、网络数据传输和网络系统的拥有者、不同的计算机网络技术服务对象等不同标准进行种类划分。

1. 按网络涉辖范围分类

（1）局域网（LAN）。局域网的地理范围一般在 10 km 以内，属于一个部门或一组群体组建的小范围网，例如，一个学校、一个单位或一个系统等。

（2）广域网（WAN）。广域网涉辖范围大，一般从几十千米至几万千米，例如，一个城市、一个国家或者洲际网络，此时用于通信的传输装置和介质一般由电信部门提供，能实现较大范围的资源共享。

（3）城域网（MAN）。城域网介于 LAN 和 WAN 之间，其范围通常覆盖一个城市或地区，距离从几十千米到上百千米。

2. 按所采用的拓扑结构分类

所谓的网络拓扑结构（Network Topology）是指在计算机网络中，各通信节点通过指定设备和线路进行相互连接的方法和形式，其核心内容是网络节点之间的连接关系。通俗地说，也就是用何种方式把网络中的计算机等设备加以连接。目前常见的局域网拓扑结构主要有星形、总线形、环形。广域网则基本上采用网状拓扑结构。一部分较大的网络还采用混合型拓扑结构，如星形/总线形拓扑结构、星形/环形拓扑结构。

（1）星形网。星形网由中央节点和通过点到点的链路连接到中央节点的各节点组成。它是一种以中央节点为中心，把若干外围节点连接起来的辐射式互连结构，非常适用于局域网连接，如图2—9所示。

星形网的优点如下：

1）便于节点、设备的添加或删减。

2）由于每个接入点只连接一个设备，当节点出现故障时，不会影响整个网络的运行。

3）便于故障的检测和网络的维护。

星形网的缺点如下：

以中央节点为中心将导致中央节点发生故障时，致使整个网络不能正常运行。

（2）总线网。总线网以一根公用通信线路为传输介质，所有网络节点均通过相应接口直接连接到通信线路。这根所有节点通信共用的传输线路被称为总线。在局域网中，总线一般采用同轴电缆或双绞线，如图2—10所示。

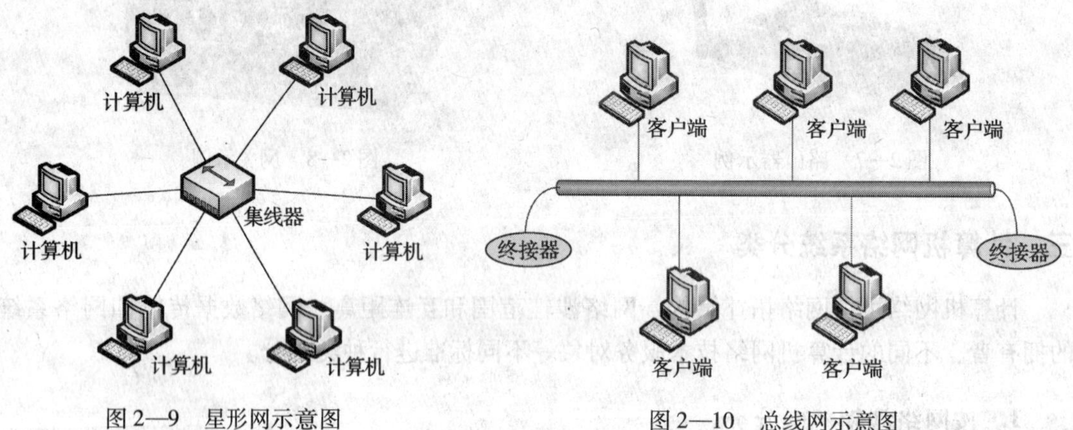

图2—9　星形网示意图　　　图2—10　总线网示意图

总线网的优点如下：

1）通信线路的长度较短，易于安装和布线。

2）由于各个节点共用一条总线作为数据传输通路，信道的利用率高。

3）便于扩充或删除节点。

总线网的缺点如下：

1）网络故障较难诊断（较难确定故障发生的具体位置）。

2）总线连接长度和接入节点数均有一定限制。

（3）环形网。环形网是由网络节点和连接节点的链路组成的闭合环结构。信号顺着一个方向从一台设备传到另一台设备，每一台设备都配有一个收发器，信息在每台设备上的延时时间是固定的。此结构比较适用于需实时控制的局域网系统，如图2—11所示。

环形网的优点如下：

1）每个节点的通信地位均平等。

2）容易实现远距离的高速数据传送。

3）电缆故障容易查找和排除。

环形网的缺点如下：

1）通信线路的闭合环结构使节点不易扩充。

2）可靠性较差，环路断开将导致整个网络不能工作。

（4）网状网。在网状网中，每个节点至少有两条链路与其他节点相连，构成一个复杂的网状拓扑结构。在任何一条链路出现故障时，数据报文可改由其他正常工作的链路进行传输，具有很高的可靠性。目前的大型广域网均采用此类型的拓扑结构，如图2—12所示。

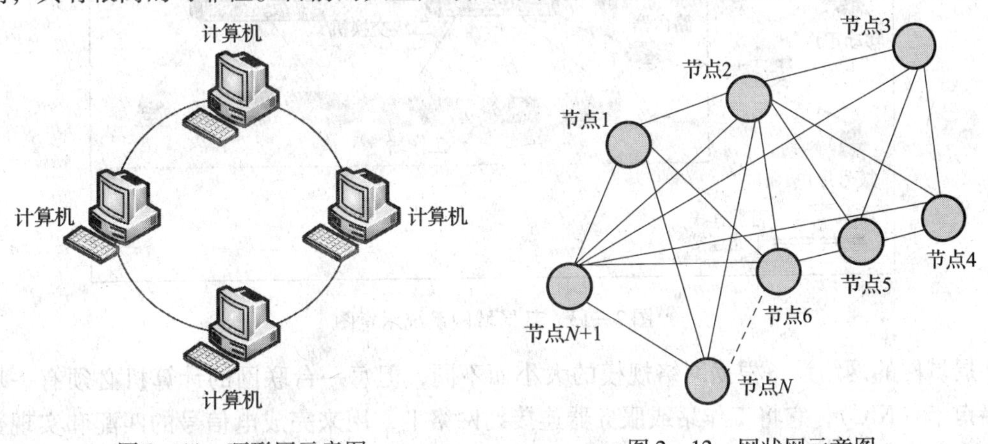

图2—11　环形网示意图　　图2—12　网状网示意图

网状网的优点如下：

1）节点间的多链路连接增强了网络连接的可靠性。

2）部分节点或单条线路故障不影响全网的运行。

网状网的缺点如下：

1）复杂而庞大的网状结构需要较高的建设和运行费用。

2）网状拓扑结构的路径控制复杂，增加了算法设计难度。

四、局域网系统基本知识

局域网（LAN）是指在一个较小的范围内（例如，一间实验室或办公室、一栋大楼、一个校园）的各种计算机、终端与外部设备连接起来所形成的局部区域网。

局域网的特点有：网络覆盖范围较小，站点数目有限，通常由某个组织单独拥有。局域网与广域网相比，具有较高的数据传输速率、较低的时延和较小的误码率。

局域网系统的硬件设备有服务器、中心交换机、二级交换机、路由器、防火墙和工作站等。某局域网系统示意如图2—13所示。

局域网又可分为令牌环（Token Ring）网、ATM（Asynchronous Transfer Mode，异步传输方式）网、以太网（Ethernet）等。现在最常用的局域网是以太网（Ethernet），现阶段它是构建局域网最便宜、最灵活的选择，常见的有10Base－T以太网、100Base－T快速以太网、千兆位（Gigabit）以太网等。

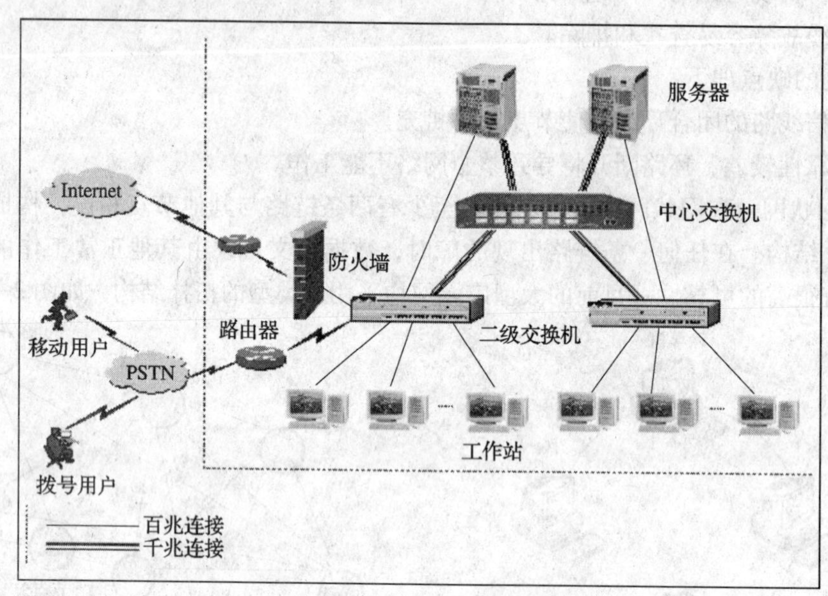

图 2—13　某局域网系统示意图

局域网的网络设备根据网络规模的大小而不同，但每一台联网的计算机必须有一块网络接口卡（NIC），它将工作站或服务器连接到网络上，用来完成电信号的匹配和实现数据传输。规模最小的局域网可能只需要一台共享式集线器（HUB）即可，而大型网络需要主干交换机、二级交换机、三级交换机或集线器、远程访问路由器、Internet 接入路由器等。

计算机网络技术实现了资源共享。人们可以在办公室、家里或其他任何地方访问网络并查询网上的任何资源，极大地提高了工作效率，促进了办公自动化、工厂自动化、家庭自动化的发展，计算机网络是服务现代科技的开端。

知识巩固

1. 什么是计算机网络系统？它有哪些基本功能？
2. 简述计算机网络的组成。
3. 常见的计算机网络拓扑结构有哪些？各有什么特点？

第二节　信息网络系统的安装

信息网络系统是指利用各种通信手段、信息处理手段组成的优质、高效传输各种类型信息的通信网络体系。计算机网络通过通信设备将计算机连接起来，并在计算机之间进行信息传输，构成信息网络系统。现代化智能建筑的信息网络系统已经由单纯的数据通信向多元化通信系统发展，其传送的信息业务也朝着数字化、个人化、智能化、宽带化、综合化、移动化等方向发展。

组成信息网络系统的部件有计算机、通信设备与传输介质等。计算机包括服务器、客户机，上网的计算机一般需要装有网络接口卡。通信设备的作用是为计算机转发数据，具体有交换机、集线器、路由器、调制解调器等。计算机与通信设备之间以及通信设备之间都通过传输介质互连，具体有双绞线、同轴电缆、光纤、电话线、微波信道、卫星信道等。

一、认识信息网络系统的体系结构

信息网络系统的体系结构即分层模型（Layering Model），它是一种用于开发网络协议的设计方法。采用在协议中划分层次的方法，把要实现的功能划分为若干层次，较高层次建立在较低层次基础上，同时又为更高层次提供必要的服务功能。

分层的好处在于高层次只要调用低层次提供的功能，而无须了解低层的技术细节；只要保证接口不变，低层功能具体实现办法的变更也不会影响较高一层所执行的功能。

计算机网络技术是伴随着各种计算机网络应用的需求而逐渐发展起来的，不同的网络系统有着各自不同的通信方式和内部网络编码。为了使计算机能够在各种网络间实现自由通信和资源共享，国际标准化组织 ISO（International Standardization Organization）于 1981 年推出了“开放系统互连模型”（Open System Interconnection）标准，简称为 OSI。

OSI 是一个基于网络协议规范化的网络工作逻辑参考模型，是网络协议开发的一个框架标准，它采用分层的结构化体系，把网络从逻辑上分为 7 层：从下到上依次为物理层、数据链路层、网络层、传输层、会话层、表示层和应用层。OSI 对每一层的功能、要求、技术特性等均做了具体规定，其 7 层模型的具体内容和功能简要介绍如下。

1. 物理层

物理层的主要功能是利用物理传输介质为数据链路层提供物理连接，以便透明地传送比特流。简而言之就是针对信号的实际物理传输设计相应的接口标准。在物理层，数据以比特流的形式存在。

2. 数据链路层

数据链路层的主要功能是在物理层提供比特流传输服务的基础上，在通信的实体之间建立数据链路连接，传送以“帧”为单位的数据，采用差错控制、流量控制方法，使有差错的物理线路变成无差错的数据链路。简而言之，就是将从物理层接收的数据进行 MAC 地址（网卡地址）的封装与解封装。在数据链路层，数据可视为帧。交换机通常工作于这一层。

3. 网络层

网络层的主要功能是要完成网络中主机间“分组”的传输。简而言之，网络层主要是将从下层接收到的数据进行 IP 地址的封装与解封装。在这一层，数据可视为数据包。路由器通常工作于网络层。

4. 传输层

传输层的主要任务是向上一层提供可靠的端到端服务，确保“报文段”无差错、有序、不丢失、无重复地传输。简而言之，传输层定义了传输数据的协议和端口号，例如，TCP协议（传输控制协议，其传输效率低，可靠性强，用于传输可靠性要求高、数据量大的数据），UDP协议（用户数据报协议，适合传输可靠性要求不高的少量数据），万维网WWW端口80等，并将从下层接收的数据进行分段传输，在到达目的地址后再进行重组。在这一层，数据可视之为段。

5. 会话层

会话层的功能是建立、组织和协调两个互相通信的应用进程之间的交互。简而言之，会话层主要在系统之间发起会话或者接受会话请求，这一会话可以是基于IP地址，也可以是MAC地址或是主机名。

6. 表示层

表示层主要用于处理在两个通信系统中交换信息的表示方式。简而言之，表示层主要是对接收的数据进行解释或恢复，例如，数据编码、数据的加密与解密、数据的压缩与恢复等。

7. 应用层

应用层用于确定进程间通信的性质，以满足用户的需要。简而言之，应用层主要实现一些终端服务应用，例如，文件上传与下载（FTP）、网页浏览（WWW）、即时通信（QQ）等。

在具体工作中，OSI模型中的第一层都会给来自上一层的数据添加信息头（Header），封装后再向下层转发，发送方主机最终通过物理介质把数据传输到接收方主机。接收方主机接收到数据后，逐层解封数据，去除添加的信息头，最终还原为实际的数据。因此，计算机之间的通信在逻辑上是层与层之间的通信，如图2—14所示。

在OSI模型中，除物理层外，其余各层协议大都由软件来实现。每层协议软件通常由一个或多个进程组成，其主要任务是完成相应层协议所规定的功能，以及与上层、下层的接口功能。不同的协议工作于不同的层。运行于网络层的常见协议有IP协议、ICMP协议、ARP协议、RARP协议。运行于传输层的常见协议有TCP协议、UDP协议。运行于应用层的常见协议有FTP、Telnet、SMTP、HTTP、RIP、NFS、DNS。

二、认识信息网络系统中的介质与设备

由于计算机网络的基本功能分为数据处理和数据通信两大部分，因此，它所对应的结构也可以分成相应的两个部分。其一，负责数据处理的计算机与终端设备；其二，负责数据通信的通信控制处理机和通信线路。图2—15所示为计算机网络的组成结构，即计算机网络按其逻辑功能分为资源子网和通信子网。

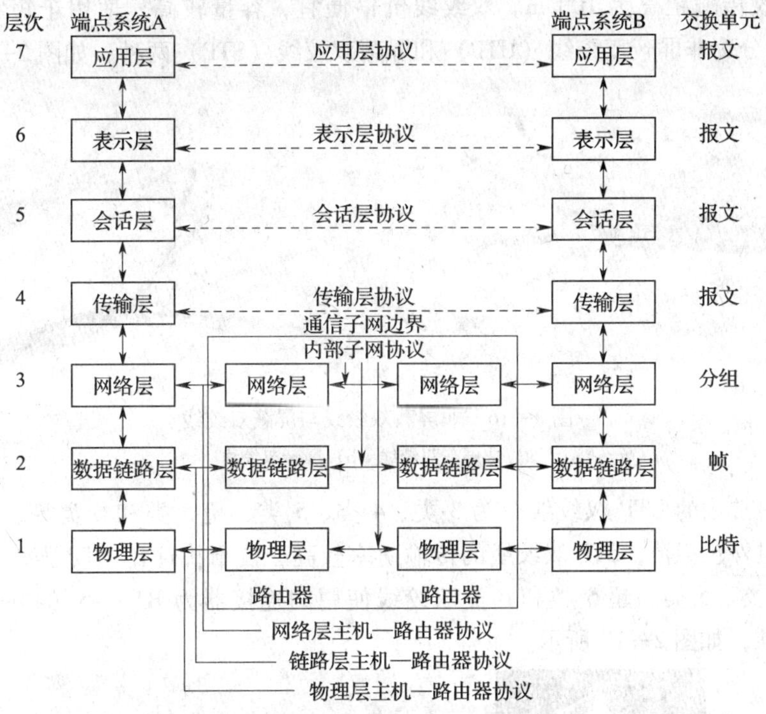

图 2—14　开放系统互联模型（OSI）

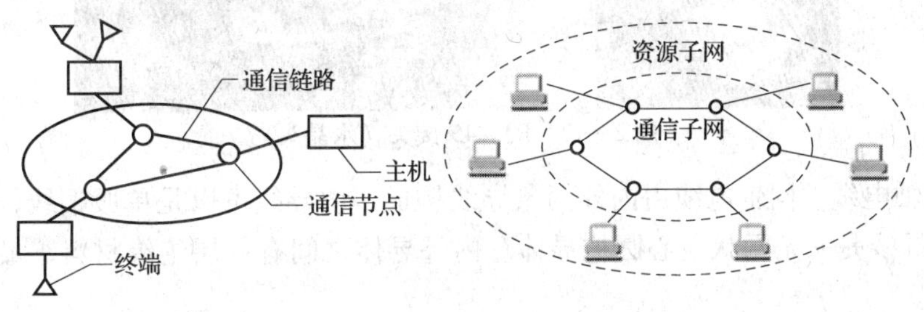

图 2—15　计算机网络的组成结构

资源子网由拥有资源的主计算机系统、请求资源的用户终端、终端控制器、通信子网的接口设备、软件资源和数据资源组成。资源子网的基本功能是负责全网的数据处理业务，并向网络客户提供各种网络资源和网络服务。

通信子网由通信控制处理机、通信线路和其他通信设备组成。通信子网的基本功能是提供网络通信功能，完成全网主机之间的数据传输、交换、控制和变换等通信任务，负责全网的数据传输、转发及通信处理等工作。

从层次上划分，资源子网是高层的概念，通信子网是基层的概念，以太网和公用电信网等从概念上讲都属于通信子网的范畴。

1．网络基础——传输介质

（1）双绞线。双绞线最为常用，它由两根绝缘的金属导线绞合在一起而成。局域网里双绞线的有效传输距离为 100 m。双绞线价格便宜，容量较高，适用于短距离布线（室内）。双绞线分为非屏蔽双绞线（UTP）和屏蔽双绞线（STP）两种，如图 2—16 所示。

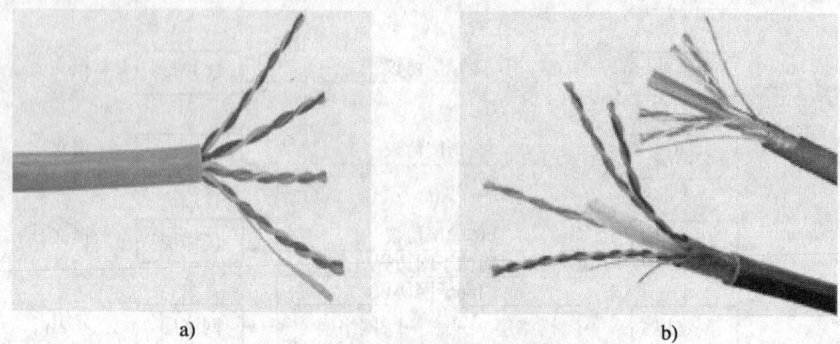

a)　　b)

图 2—16　非屏蔽双绞线与屏蔽双绞线

a）非屏蔽双绞线　b）屏蔽双绞线

局域网中常用的 UTP 双绞线分为 3 类、4 类、5 类、超 5 类和 6 类等。STP 的内部与 UTP 相同，但外包铝箔，STP 双绞线的传输速率较高，抗干扰性比 UTP 强，但价格相对较贵。3 类、4 类、5 类、超 5 类和 6 类双绞线使用的连接器为 RJ－45（4 对 8 芯），遵循 EIA－568标准，如图 2—17 所示。

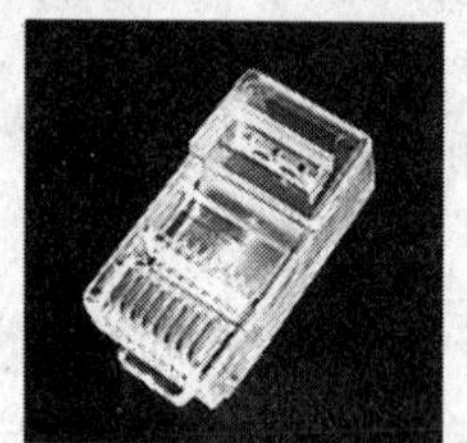

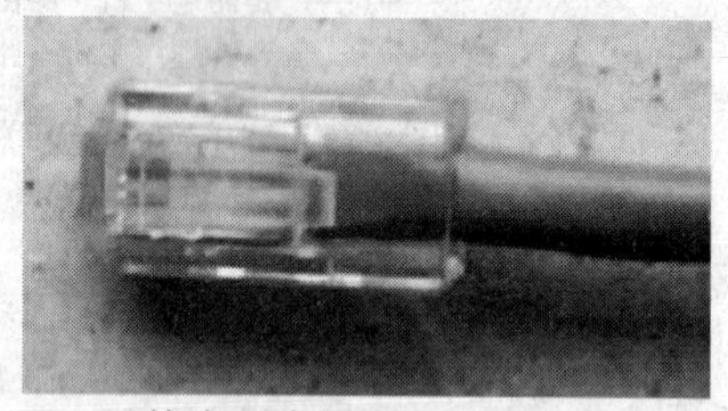

图 2—17　RJ－45 接头（水晶头）

（2）同轴电缆。同轴电缆由内外两条导线构成，内导线可以是单股铜线，也可以是多股铜线；外导线是一条网状空心圆柱导体。内外导体之间有一层绝缘材料，最外层是保护性塑料外壳。

粗同轴电缆传输距离长，性能好，但成本高，主要用于大型局域网干线。细同轴电缆传输距离短，相对便宜，使用 T 型头与具有 BNC 接头的网卡相连，两端安装 50 Ω 终端电阻器来消弱信号反射，如图 2—18 所示。

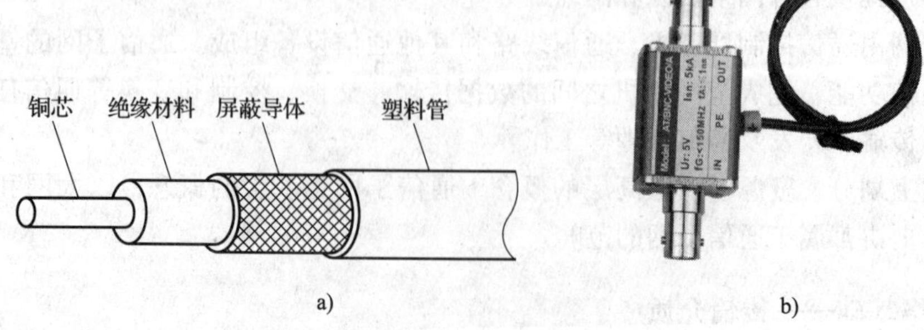

a)　　b)

图 2—18　同轴电缆剖面图与外观图

a）同轴电缆剖面图　b）外观图

（3）光纤。光纤又称光缆或光导纤维，是一种能够传送光信号的介质，采用特殊的玻璃材料或塑料制作。其传输性能高于双绞线和同轴电缆，传输速率可达到几 Gbit/s，抗干扰能力强，传输损耗少，安全保密好，但成本较高，难连接，适合长距离或楼宇间布线，常用于网络中的主干线。光纤剖面图与外观图如图 2—19 所示。

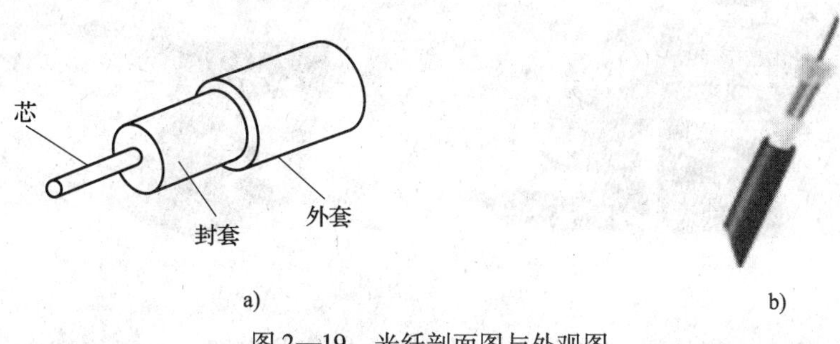

图 2—19　光纤剖面图与外观图

a）光纤剖面图　b）外观图

（4）微波。微波与通常的无线电波不一样，其定向传播，无法像某些低频波那样沿着地球表面传播，由于地球表面是曲面，再加上高大建筑物和气候的影响，微波在地面上的传播距离有限，一般在 40 ~ 60 km 范围内。

微波直接传播信号的距离与天线的高度有关，天线越高传播信号的距离越远。超过一定距离就要用中继站来“接力”。微波通信具有通信容量大、传输质量高、初建费用小等优点，但它最大的缺点是保密性差。如图 2—20 所示为微波通信设施。

图 2—20　微波通信设施

2. 网络核心部件——服务器与工作站

（1）服务器。服务器一般采用高性能的微型机、小型机或大型主机，并配有大容量硬盘和较大容量的内存，服务器中安装有大量的网络软件，为工作站提供服务。服务器如图 2—21 所示。

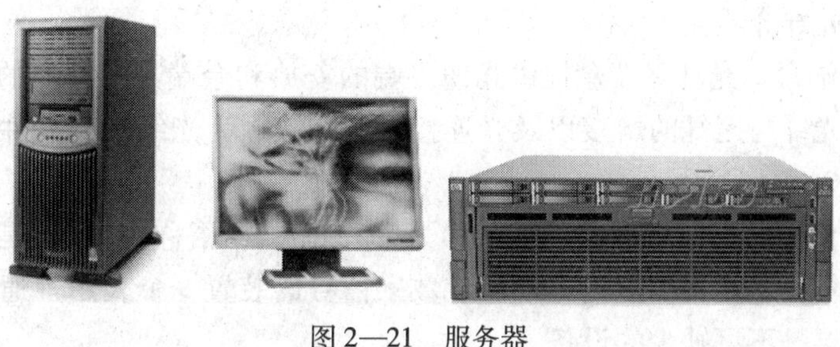

图 2—21　服务器

（2）工作站。工作站一般选用普通的计算机，工作站可以有自己的操作系统，能独立工作，通过运行工作站网络软件，访问服务器的共享资源，并与网络上的其他计算机通信。工作站如图 2—22 所示。

图 2—22　工作站

3. 网络设备——集线器、交换机、路由器、光纤收发器、光纤终端盒、调制解调器

（1）集线器。集线器用于信号的再生与转发，一般不带管理功能，没有容错能力；它提供 8 ~ 24 个 RJ – 45 端口，可以同时连接粗缆、细缆和双绞线，用于星形拓扑结构的连接。

（2）交换机。交换机是用于电信号转发的网络设备。它可以为接入交换机的任意两个网络节点提供独享的电信号通路。最常见的交换机是以太网交换机。其他常见的交换机还有电话语音交换机、光纤交换机等。

（3）路由器。路由器在网络层上实现网络的互连，连接两个以上的局域网。其功能包括过滤、路径选择、流量管理、介质转换等。路由器在不同的多个网络之间存储和转发分组，把数据正确地传送到下一个网段上。常见的集线器、交换机和路由器如图 2—23 所示。

图 2—23　集线器、交换机和路由器

（4）光纤收发器。光纤收发器俗称光猫、光电收发器，可将光纤介质转换成铜线接入或将铜线转换成光纤介质接入。

（5）光纤终端盒。光纤终端盒提供光缆终端的安放和余端光纤存储的空间；用于光纤与光纤的熔接、光纤与尾纤的熔接以及光连接器的交接，为光纤及其元件提供机械保护和环境保护，如图 2—24 所示。

（6）调制解调器。调制解调器的英文称为“Modem”，俗称“猫”，是一种能将数字信号调制成模拟信号，又能将模拟信号解调成数字信号的装置。个人用户通过电话线拨号上网时，调制解调器是不可缺少的设备。

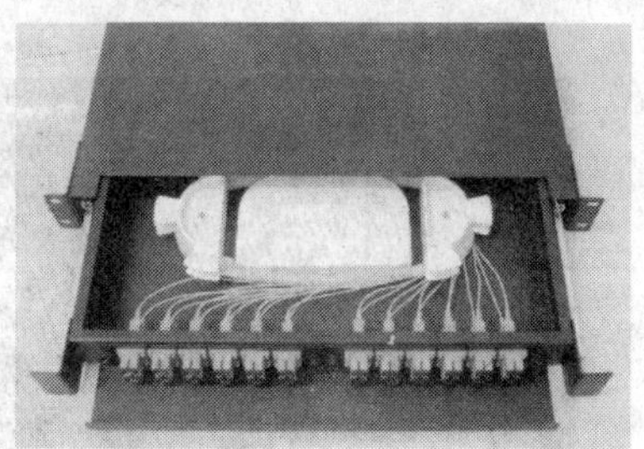

图 2—24 光纤收发器、光纤终端盒

现在用户一般使用的是 ADSL Modem，最高支持 8 Mbit/s（下行）和 1 Mbit/s（上行）的传输速率，抗干扰能力强，适于普通家庭用户使用。该 ADSL Modem 耗电量与一台一级能效的电冰箱相仿，发热量较大。某些型号的产品还带有路由功能。该 ADSL Modem 性价比介于 ISDN 和 LAN + 光纤之间。有一个 RJ - 11 电话线孔和一个或多个 RJ - 45 网线孔，某些型号的产品还带有无线功能，如图 2—25 所示。

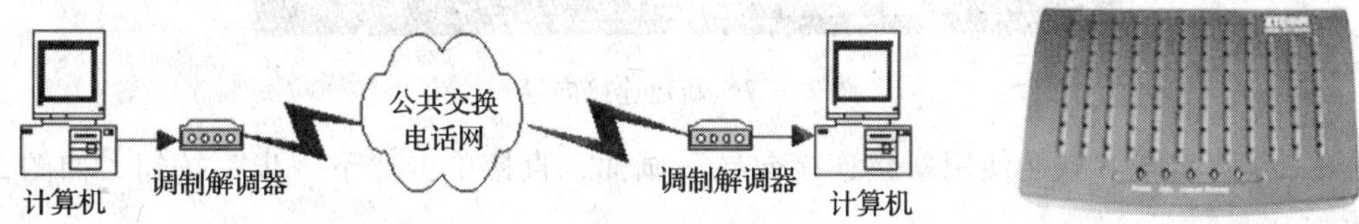

图 2—25 调制解调器工作原理、ADSL Modem

三、信息网络系统的安装、连接

1. 家庭 ADSL 连接图

如图 2—26 所示为家庭 ADSL 连接图。

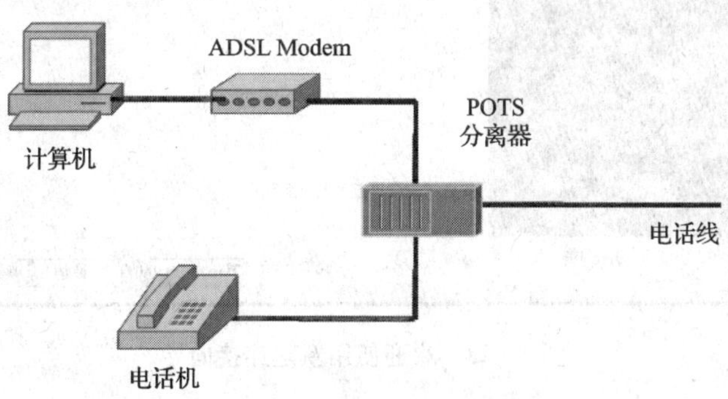

图 2—26 家庭 ADSL 连接图

（1）ADSL 拨号上网设置

第一步：安装好网卡驱动程序以后，选择“开始→程序→附件→通讯→新建连接向导”，如图 2—27 所示。

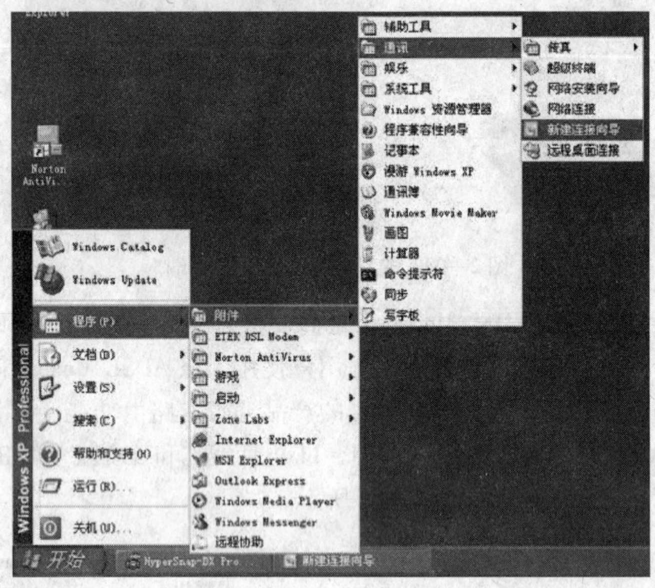

图 2—27　新建连接向导

第二步：出现“欢迎使用新建连接向导”画面，直接单击“下一步”按钮，如图 2—28 所示。

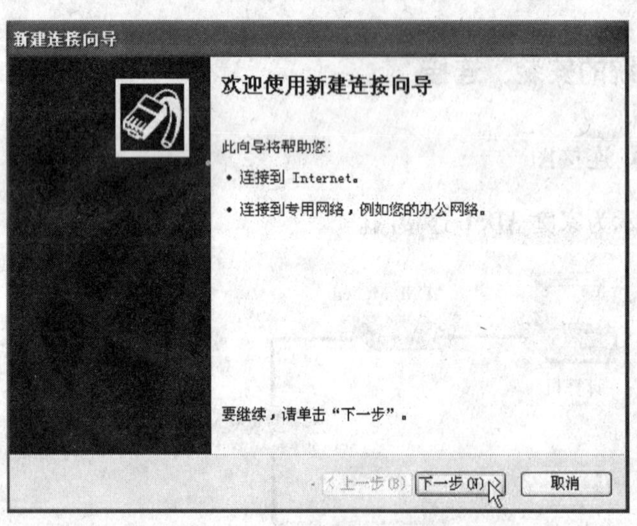

图 2—28　欢迎使用新建连接向导

第三步：默认选择“连接到 Internet”，然后单击“下一步”按钮，如图 2—29 所示。

第四步：选择“手动设置我的连接”，然后再单击“下一步”按钮，如图 2—30 所示。

第五步：选择“用要求用户名和密码的宽带连接来连接”，然后单击“下一步”按钮，如图 2—31 所示。

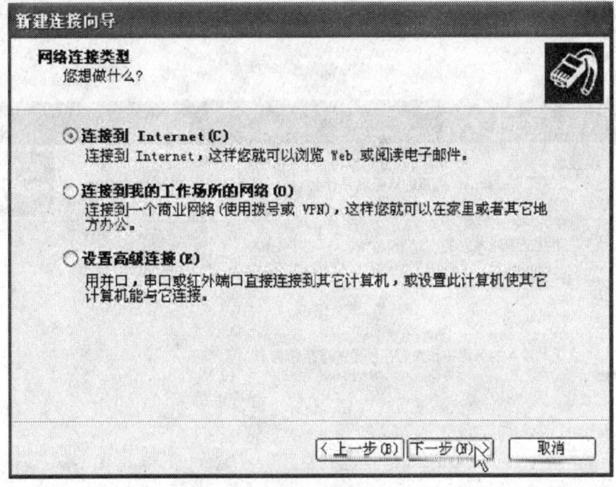

图 2—29　连接到 Internet

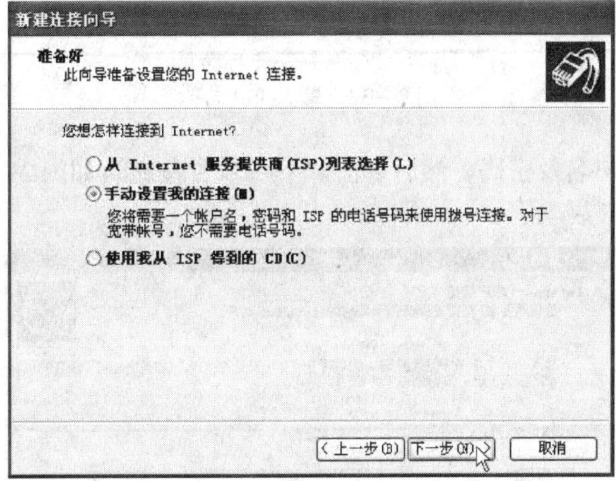

图 2—30　手动设置我的连接

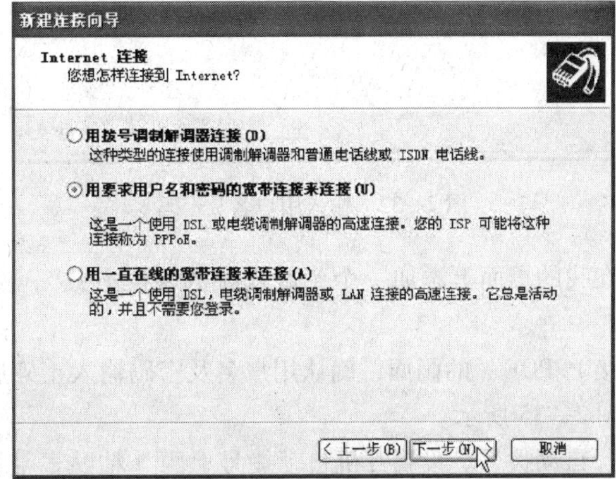

图 2—31　用要求用户名和密码的宽带连接来连接

第六步：输入 ISP 名称（任意），然后单击“下一步”按钮，如图 2—32 所示。

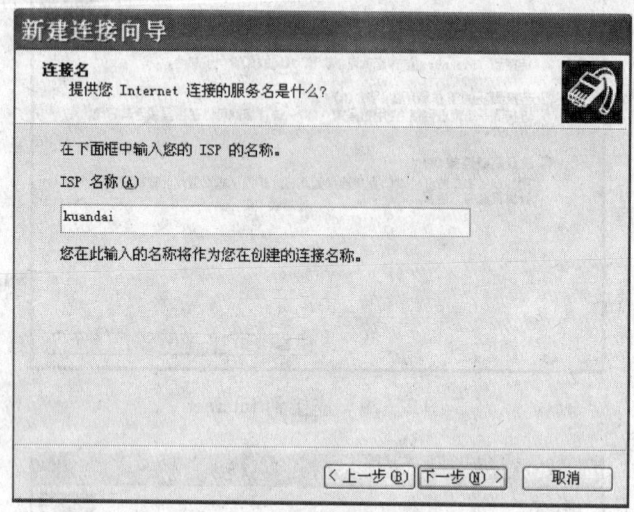

图 2—32　输入 ISP 名称

第七步：输入用户名及密码，然后单击“下一步”按钮，如图 2—33 所示。

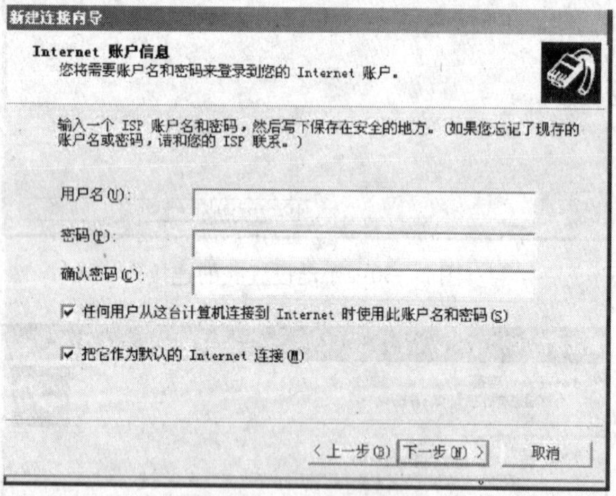

图 2—33　输入用户名及密码

第八步：勾选“在我的桌面上添加一个到此连接的快捷方式”，然后单击“完成”按钮，如图 2—34 所示。

桌面上出现“连接 PPPOE”的画面，确认用户名及密码输入正确后，单击“连接”按钮即可拨号上网，如图 2—35 所示。

（2）相关设置——自动拨号。设置开机自动拨号上网［粘贴宽带拨号快捷方式到启动项（C：\ Documents and Settings \ Administrator \ 「开始」菜单 \ 程序 \ 启动）］。

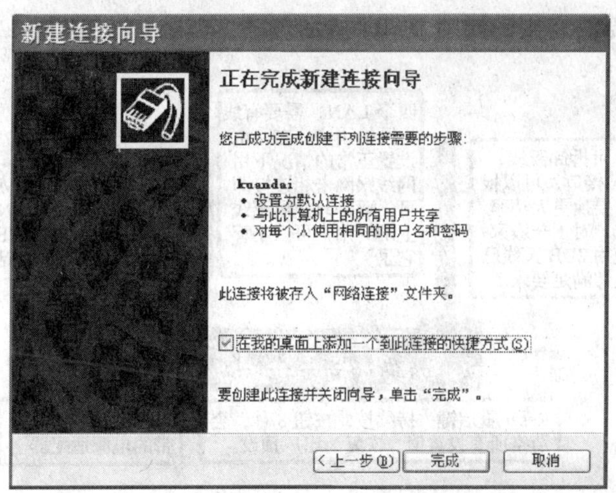

图 2—34　在我的桌上添加一个到此连接的快捷方式

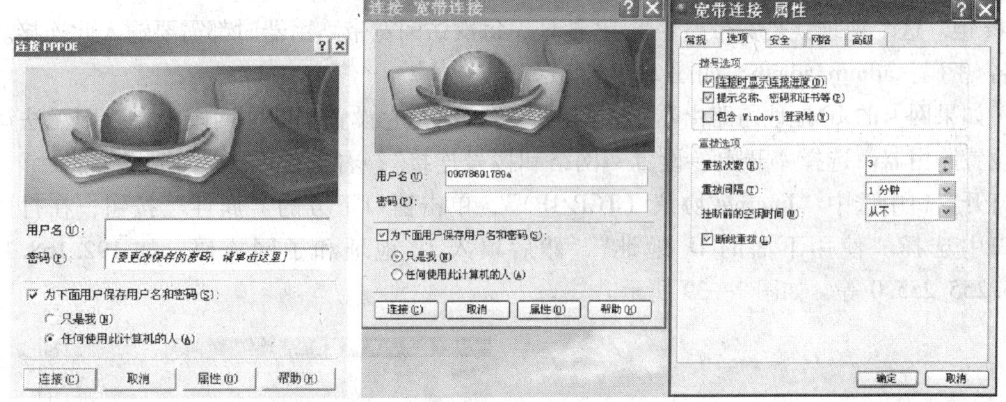

图 2—35　拨号上网

2. 路由的连接

如图 2—36 所示为路由的连接。

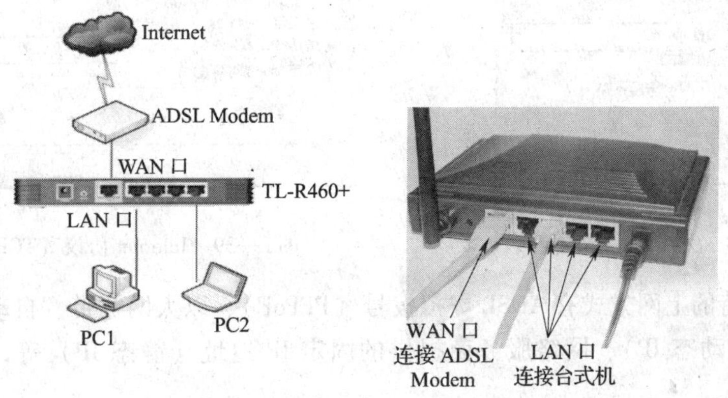

图 2—36　路由的连接

（1）无线路由器的连接，如图 2—37 所示。

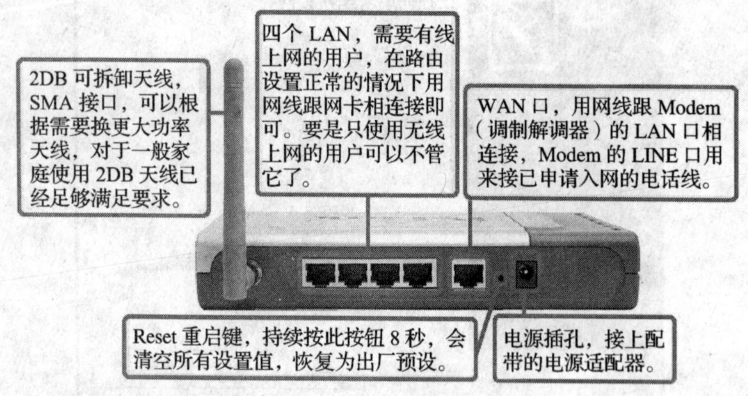

图 2—37　无线路由器的连接

（2）双击桌面上的 Internet Explorer 图标，并在地址栏中输入 http：//192. 168. 1. 1 后按 Enter 键。这个地址就是宽带路由器 IP 地址，每次访问宽带路由器时都需要输入此连接。用户名/密码：admin/admin，如图 2—38 所示。

如果网卡的 IP 地址与路由器不在同一网段，请把它设置到同一网段中，否则无法访问并设置路由器。选择“开始→设置→网络和拨号连接”，右击“网卡”，选择“属性”，再在打开窗口中选中“Internet 协议（TCP/IP）”，单击窗口下方的“属性”按钮，在打开的窗口中选择“使用下面的 IP 地址”，然后填入 IP 地址和子网掩码，如 192. 168. 1. 2、255. 255. 255. 0 等，如图 2—39 所示。

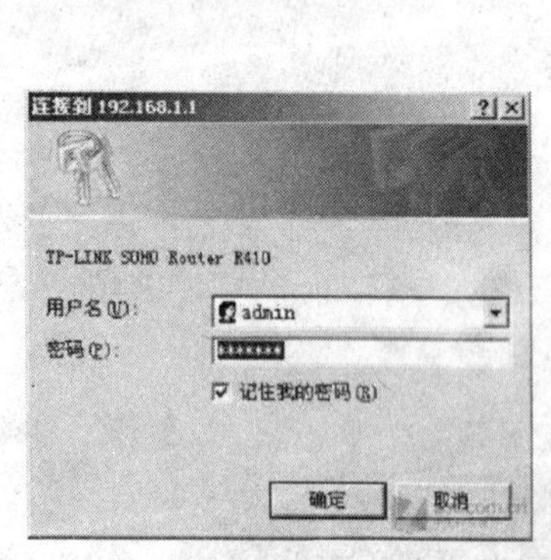

图 2—38　无线路由器的连接

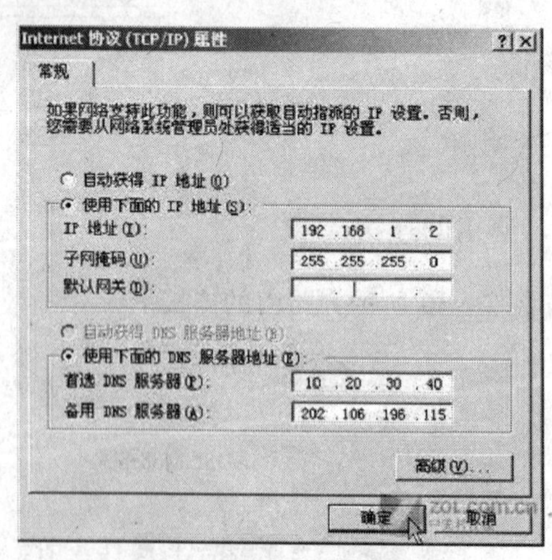

图 2—39　Internet 协议（TCP/IP）

路由器支持的上网方式有 ADSL 虚拟拨号（PPPoE）、以太网宽带、自动从网络服务商获取 IP 地址（动态 IP）、网络服务商提供的固定 IP 地址（静态 IP）等，如图 2—40 和图 2—41 所示。

图 2—40　宽带路由器设置 1

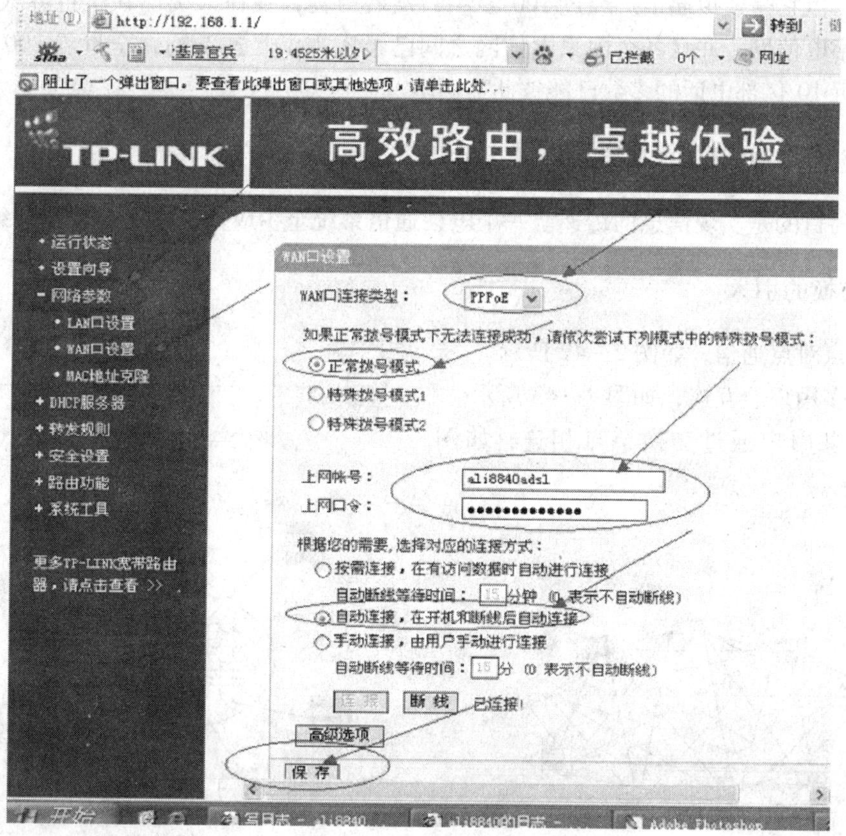

图 2—41　宽带路由器设置 2

知识巩固

1. 开放系统互连模型有哪几层?
2. 计算机网络的组成结构是怎样的?各组成部分有何作用?
3. 谈谈如何设置家庭 ADSL 上网?试画出简易拓扑结构图。

第三节　电话通信系统

人类大多数活动依赖于信息(Information)。信息以各种各样的形式表现出来,如人类的语言(Voice)、手写或印刷的文本(Text)、计算机数据(Data)以及各种各样的图形(Graphic)和图像(Image)等。信息可以被处理、加工、存储、转移、显示、复制和利用。所谓电信(Telecommunication),就是将信息变换成电信号再进行远距离传输(Transmission)和交换(Switching)的过程。

最早的电信就是1837年 Wheatstone 和 Morse 发明的电报。这是一种每次沿一个方向发送信息的、点到点的数字通信。1876年 A. G. Bell 发明了电话,从而开始了点到点的双向会话通信,但它是模拟通信。经过100多年的发展历程,现在人类已在全世界大多数国家建立了数字电信网,并且各个国家电信网之间已经实现了互连互通,全世界200多个国家和地区的近10亿部电话的多数已能彼此通话。

一、程控电话系统的基本原理

通信的目的是实现信息的传递。一个电话通信系统至少应由终端和传输媒介组成。

1. 交换的引入

(1)点对点通信,如图2—42所示。

(2)多用户全互连,如图2—43所示。

(3)多用户通过交换节点相连,如图2—44所示。

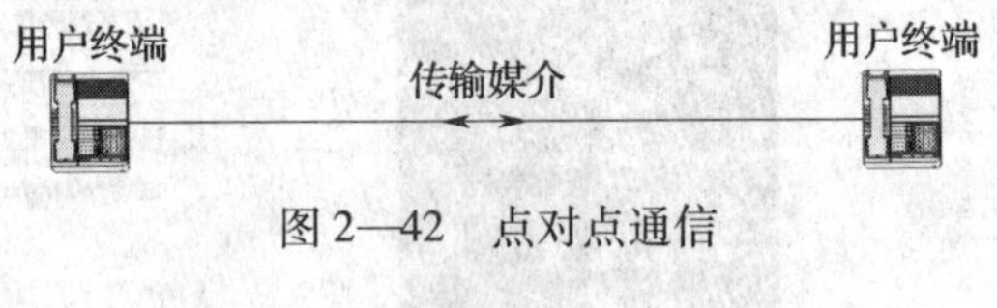

图2—42　点对点通信

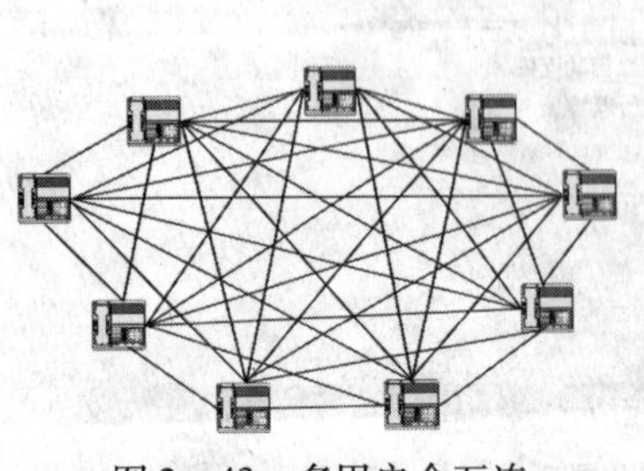

图2—43　多用户全互连

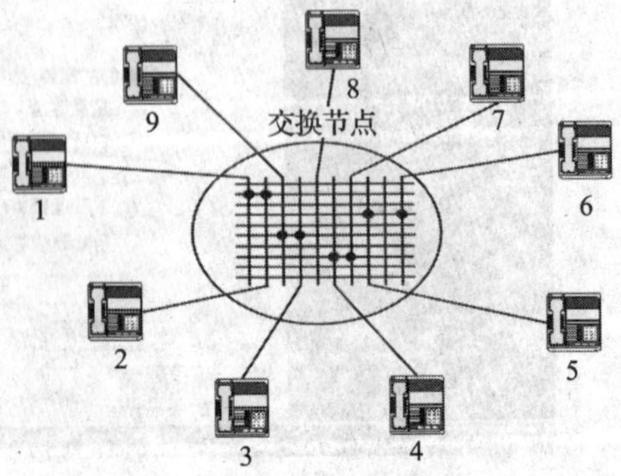

图2—44　多用户通过交换节点相连

（4）一台交换机组成的通信网，如图2—45所示。

（5）多台交换机组成的通信网，如图2—46所示。

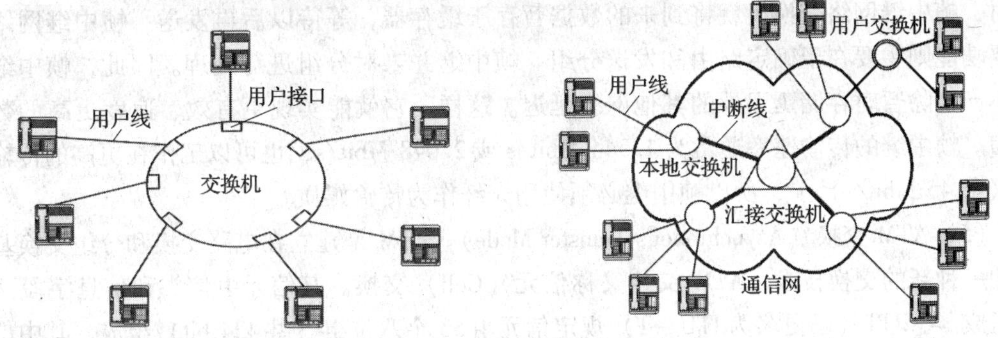

图2—45 一台交换机组成的通信网　　图2—46 多台交换机组成的通信网

综上所述，在多用户通信时，为了降低用户线路的投资，在通信网中就要引入交换机进行信息交换。交换机在通信网中起着非常重要的作用。

由此可见，实现通信必须要有三个要素，即终端、传输和交换。

2. 交换方式

常用的低速数据交换方式有电路交换、报文交换和分组交换。

（1）电路交换（Circuit Switching）。电路交换是指呼叫双方在开始通话之前，必须先由交换设备在两者之间建立一条专用电路，并在整个通话期间由其独占这条电路，直到通话结束为止的一种交换方式。

（2）报文交换（Message Switching）。报文交换又称为消息交换，用于交换电报、信函、文本文件等报文消息。这种交换的基础就是存储转发（SAF）。在这种交换方式中，发送方不需要先建立电路，不管接收方是否空闲，可随时直接向所在的交换机发送消息，交换机将收到的消息报文先存储在缓冲器的队列中。然后根据报文头中的地址信息计算出路由，确定输出线路，一旦输出线路空闲，即将存储的消息转发出去。电信网中的各中间节点的交换设备均采用此种方式进行报文的接收—存储—转发，直至报文到达目的地。

（3）分组交换（Packet Switching）。在分组交换中，消息被划分为一定长度的数据分组（也称数据包），每个分组通常包含数百至数千比特。之后，该分组数据将加上地址和适当的控制信息等送往分组交换机。与报文交换一样，在分组交换中，分组也采用存储转发（SAF）技术。

以上三种交换方式都限于低速数据交换。由于计算机高速数据传输和高速图像数据传输及交换的需要，人们现正利用帧中继和ATM等宽带交换设备来传送高速数据。

（4）帧中继（Frame Relay）。帧中继是快速分组交换技术之一。它适用于在多点间接续大量高速突发数据，是向未来宽带ATM交换过渡的手段之一。

帧中继采用统计时分多路复用（STDM）技术，并定义了网络的虚电路（VC）、永久虚电路（PVC）和交换虚电路（SVC）。其带宽是在有实际数据传输时才进行分配的，即在以分组（包）为单位的基础上进行动态分配。当某个连接所要求的带宽暂时超出它的带宽范围时，帧中继网络交换机就将到来的数据暂存于缓存器，等待以后再发送。帧中继网络的主要功能则主要在于确定路由和发送分组。帧中继并未对分组进行处理。因此，帧中继几乎不产生除暂时存储延迟外的其他网络延迟。这样，它就能实现更有效、速度更高的数据通信。帧中继的传输速率通常为1.544 Mbit/s或2.048 Mbit/s，也可以工作在更高的传输速率（如45 Mbit/s）上，所以帧中继必须使用光纤作为传输媒质。

（5）ATM交换（Asynchronous Transfer Mode）。ATM是建立在电路交换和分组交换基础上的一种新的交换技术。ATM交换又称信元（Cell）交换。其信元由信头和信息字段两部分组成。CCITT（已更名为ITU－T）规定信元由53个八位组（共424 bit）组成，其中信头为5个八位组（40 bit）、信息字段长48个八位组（共384 bit）。

最早的通信网主要用于话音通信，称为电话网。后来，随着计算机通信的发展，由于数据、图像和话音等多媒体通信的需要，通信网的范围不断扩大，目前的通信网已发展成现代信息网络。凡是能够传递信息的网络都是信息网络。

3. 程控电话系统的产生

交换系统是电信网的核心，在设计和使用交换系统时，就需要考虑以下几个与电信网规划密切相关的问题：路由规划、编号制度、计费、传输、信令和同步等。由于数据传输和交换的需要，人们现正利用帧中继和ATM等宽带交换设备来传送高速数据。其交换的信息除了电话的语音信息外，还包括图像、数据等多种信息，这种信息交换也称为数据交换或综合业务交换。

（1）20世纪60年代中期至70年代初，交换系统采用大型计算机进行集中控制的空分模拟式程控交换机，话路交换网采用金属节点交换网。代表产品有美国贝尔系统1号No1ESS，日本D10。其特点是体积大、软件复杂、耗电多、故障影响面大。

（2）20世纪70年代中期，交换系统采用小型机或微型机进行分散两级控制（用户级和选组级）的程控交换机，话路交换网采用电子节点交换网。代表产品有加拿大SL－1，日本NEAX22。其特点是体积小、耗电少、组网方便。

（3）20世纪80年代初，交换系统采用微机进行全分散式控制的时分数字交换机，话路交换网采用的是存储器式的数字交换网。代表产品有日本F－150，比利时ITT1240（中国称为S－1240）。其特点是模块化设备可靠性高，直接与脉冲编码调制PCM设备配合，可传输话音、电报、传真、图像信号。

（4）20世纪80年代中期，在程控交换机的基础上发展出窄带ISDN交换机。数字传输和数字交换构成综合数字网IDN，向综合业务数字网ISDN发展。其特点是采用端到端数字连接，综合业务，标准接口。为用户提供2B＋D数字接口。此外，还具备X.25分组交换接口，可进行话音和非话音业务通信，开展宽带非话音业务、传输活动图像和电视电话，可组成ISDN。

4. 程控交换技术的发展过程

（1）话路交换网：金属节点→电子节点→大规模集成电路。

（2）传输话音信息：模拟信号→时分数字信号。

（3）控制方式：集中控制→分散控制。

（4）控制设备：专用大型机→小型机→微机。

（5）交换方式：单一电路交换→电路交换与分组交换组合。

电路交换已经有100多年发展历史了，是最早出现的一种交换方式。电路交换经历了从人工交换到自动交换、从模拟交换到数字交换、从布控交换到程控交换等发展历程。由于程序控制技术最早用于电话交换机，因此，最初是将电话交换机称为程控交换机。实际上，自从软件控制技术引入交换机后，各种交换机都是由程序来控制的，都可以称为程控交换机。

5. 程控交换机的分类

电路交换的要点是面向连接，在通信时需要先建立连接，在通信过程中独占一个信道。其优点是实时性高，时延和时延抖动都较小；缺点是信道利用率低，且传输速率单一。电路交换主要适用于语音和视频这类实时性强的业务。程控交换机根据其交换网络接续方式、交换信息的类型，以及控制方式的不同，可以进行如图2—47所示的分类。

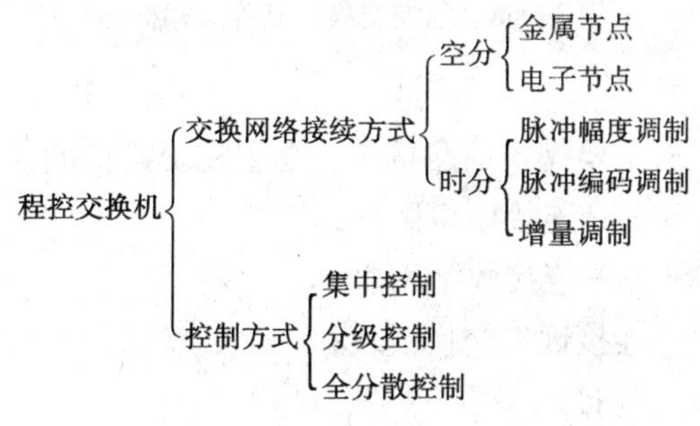

图2—47　程控交换机的分类

根据交换网络接续方式来分类，程控交换机可分为空分和时分两种方式。对于空分方式，其交换点可由金属节点或电子节点来组成，即保证话路接续中每个用户均占据一定的空间位置。对于时分方式，目前有脉冲幅度调制（PAM）、增量调制（ΔM）和脉冲编码调制（PCM）三种信号。

根据控制方式来分，程控交换机有集中控制、分级控制和全分散控制三种方式。

（1）集中控制方式：程控交换机中只配备一对处理机（称为中央处理机）。

（2）分级控制方式：在程控交换机里配备若干个微处理机来完成如监视用户摘机、挂机及接收拨号脉冲等这些比较简单而重复性强的工作，以减轻中央处理机的大量处理工作。

（3）全分散控制方式：全分散控制的特点是取消了中央处理机。

二、程控电话系统的施工

程控数字交换机由硬件和软件两大部分组成。

1. 程控数字交换机硬件部分

程控数字交换机硬件主要由三部分组成：接口电路、数字交换网络和控制系统。交换机通过接口电路与外界连接。接口电路主要分为用户侧接口和中继侧接口两类。用户侧接口接各类用户（包括模拟用户、数据用户、ISDN 用户、其他用户等），中继侧接口接到其他交换机。其程控交换机硬件结构框图如图 2—48 所示。

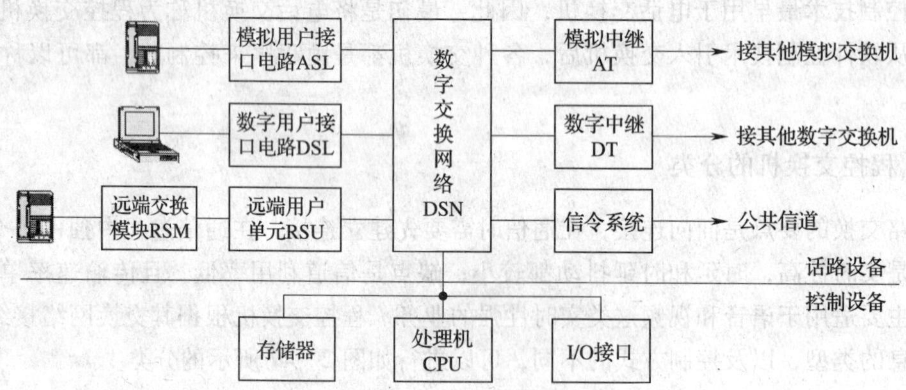

图 2—48　程控交换机硬件结构框图

其中，各模块的功能如下：

数字交换网络 DSN——主要完成话路接续，是程控交换机的核心；
模拟用户接口电路 ASL——连接模拟用户；
数字用户接口电路 DSL——连接数字用户；
远端用户单元 RSU——连接远端交换模块；
远端交换模块 RSM——连接远端用户；
模拟中继 AT——连接其他模拟交换机；
数字中继 DT——连接其他数字交换机；
信令系统——产生和接收/发送各种信号；
存储器——存储数据；
处理机——对程控交换机进行控制；
I/O 接口——完成处理机和交换机内部设备之间的连接。

2. 程控数字交换机软件部分

软件是程控交换机的一个重要组成部分，软件是由程序和数据构成的。它的实时性强，具有并发性，适应性强，可靠性和可维护性要求高。

程控交换机的软件系统分为两大部分：

(1) 运行程序（联机程序、在线程序）：负责程控交换机的运转维护和管理。运行程序又分为系统程序和应用程序。

(2) 支援程序（脱机程序）：安装、设计、调试软件，是在交换机尚未运转前所使用的程序（如测试程序和支援程序等）。主要包括语言翻译程序、连接编译程序、文件生成程序、安装测试程序。

程控电话系统的现场施工过程可以参看下例：

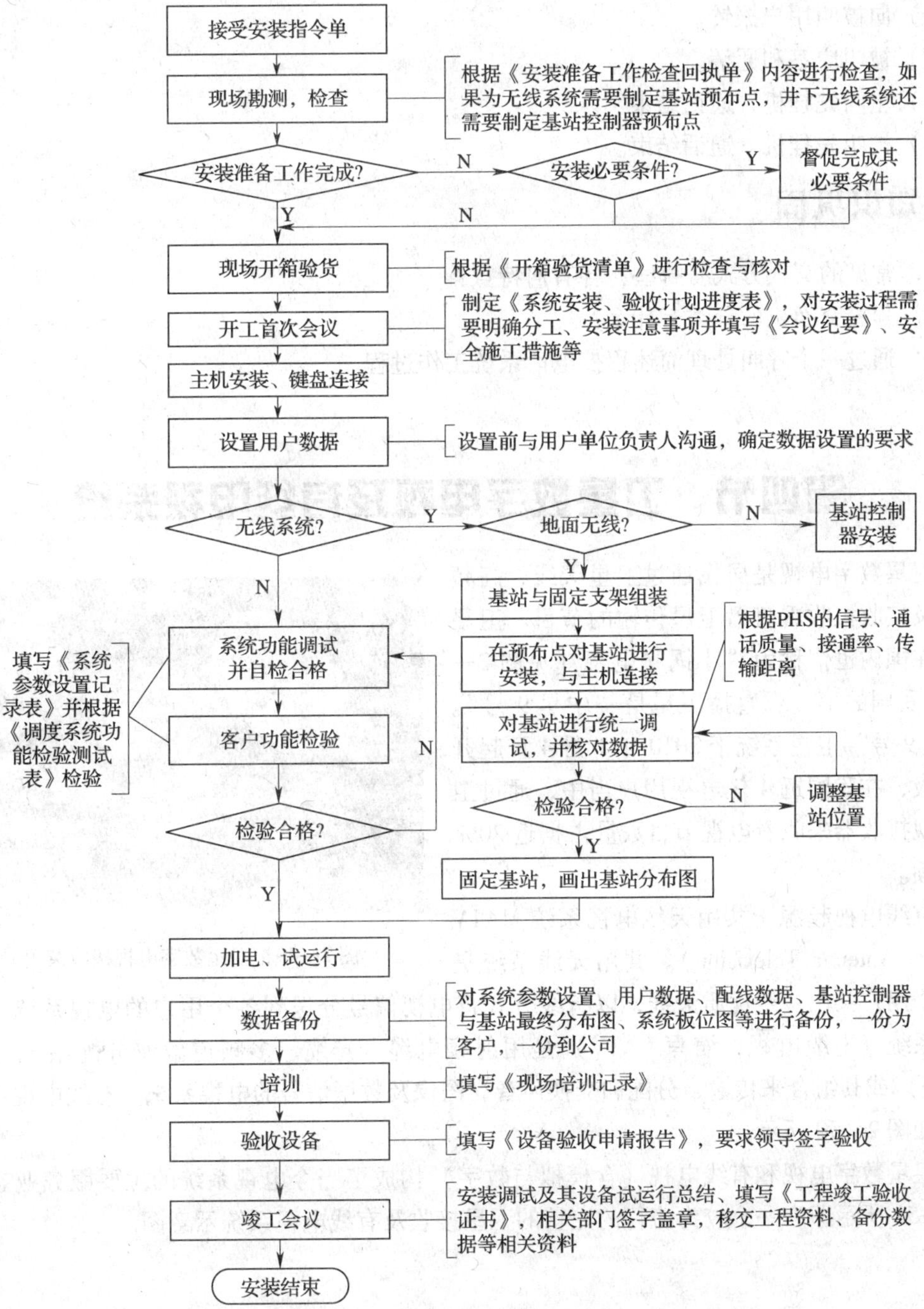

其使用过程以一个呼叫的处理过程为例：

1）主叫用户摘机呼叫。

2）送拨号音，准备收号。

3）收号。

4）号码分析。

5）接至被叫用户。

6）向被叫用户振铃。

7）被叫应答和通话。

8）主叫先挂机，通话结束。

9）被叫先挂机，通话结束。

知识巩固

1. 常见的交换方式有哪些？各有何特点？
2. 程控交换机的分类有什么？
3. 通过一个呼叫处理简述程控电话系统工作过程。

第四节　卫星数字电视及有线电视系统

卫星数字电视是居民通过卫星天线、高频头以及接收机收看直播卫星传输的节目。卫星电视在国内也俗称为“小锅”电视（见图2—49）。我国的第一颗直播卫星是“中星9号”。“中星9号”卫星系统于2010年1月4日起开始升级，在我国近4亿电视用户当中，通过卫星电视接收器来收看电视节目数量占据近20%的份额。

图2—49　卫星数字电视接收装置

有线电视起源于共用天线电视系统MATV（Master Antenna Television）。共用天线系统是由多个用户共用一组优质天线，以有线方式将电视信号分送到各个用户的电视系统。有线电视系统（电缆电视，缩写CATV）是用射频电缆、光缆、多频道微波分配系统（缩写MMDS）或其组合来传输、分配和交换声音、图像及数据信号的电视系统。有线电视系统示意图如图2—50所示。

卫星数字电视和有线电视（含模拟与数字）构成了当今电视系统的主要服务业态。如图2—51所示即为一个较为流行的完整的卫星接收及有线电视系统示意图。

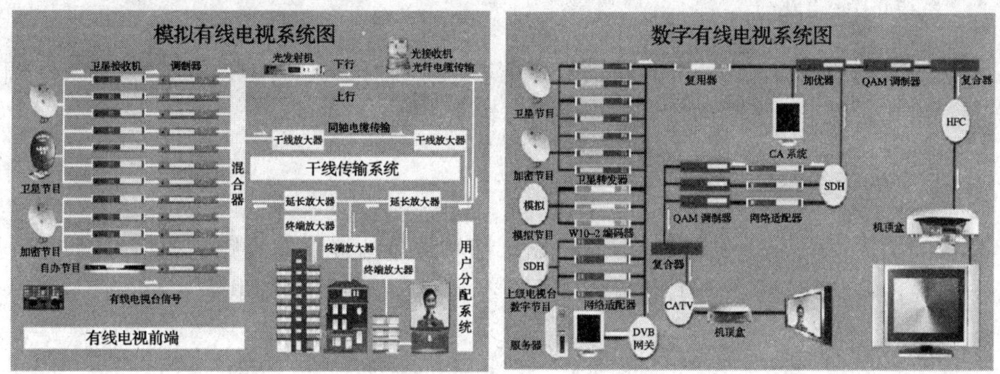

图 2—50　有线电视系统示意图

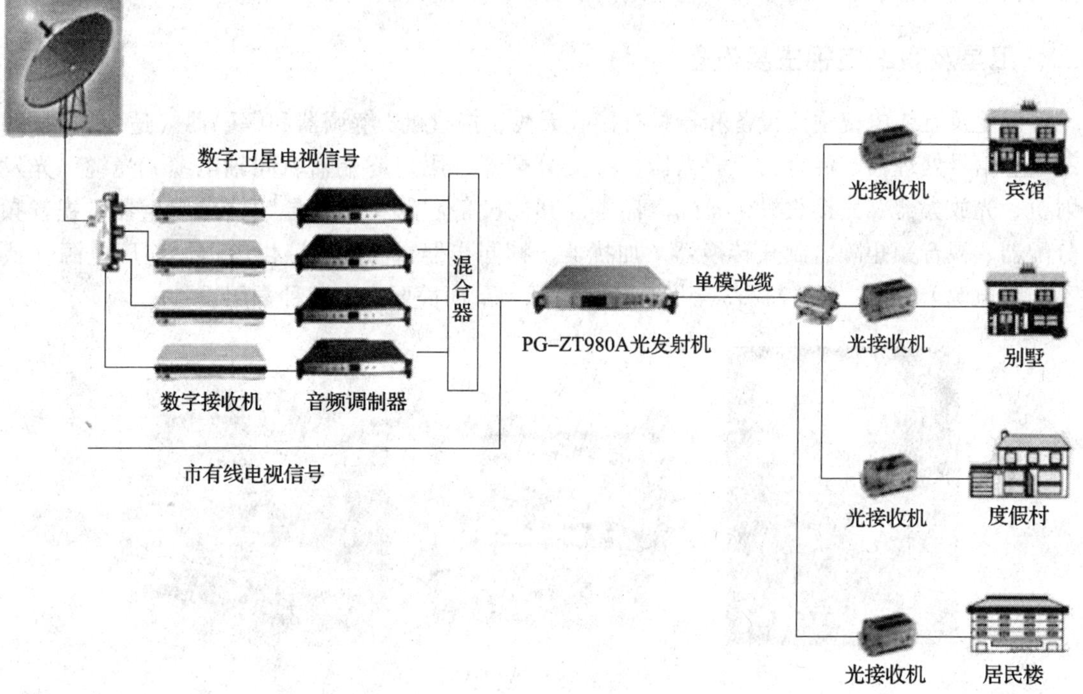

图 2—51　卫星接收及有线电视系统示意图

一、卫星及有线电视构成

卫星及有线电视系统主要由信号源、前端、干线传输和用户分配网络组成。

1. 信号源接收部分

信号源接收部分的主要任务是向前端提供系统欲传输的各种信号。它一般包括开路电视接收信号与调频广播、地面卫星、微波以及有线电视台自办节目等信号。

2. 系统的前端部分

系统的前端部分的主要任务是将信号源送来的各种信号进行滤波、变频、放大、调制、混合等，使其适用于在干线传输系统中进行传输。

3. 系统的干线传输部分

系统的干线传输部分的主要任务是将系统前端部分所提供的高频电视信号通过传输媒体不失真地传输给分配系统。其传输方式主要有光纤、微波和同轴电缆三种。

4. 用户分配系统

用户分配系统的主要任务是把从前端传来的信号分配给千家万户，它由支线放大器、分配器、分支器、用户终端以及它们之间的分支线、用户线组成。

二、卫星及有线电视主要设备

卫星及有线电视主要设备和器材有接收天线、接收机、解调器和解码器（适配器）、调制器、信号处理器、混合器、放大器、分支分配器、用户终端盒、同轴电缆、光缆、光发射机、光放大器、光接收机、光隔离器等。其他设备和器材则有导频信号发生器、视音频分配器、视音频矩阵、制式转换器、加扰器、帧同步器、滤波器、供电器、稳压电源（或不间断电源 UPS），如图 2—52 至图 2—55 所示。下面简要介绍几种常用设备。

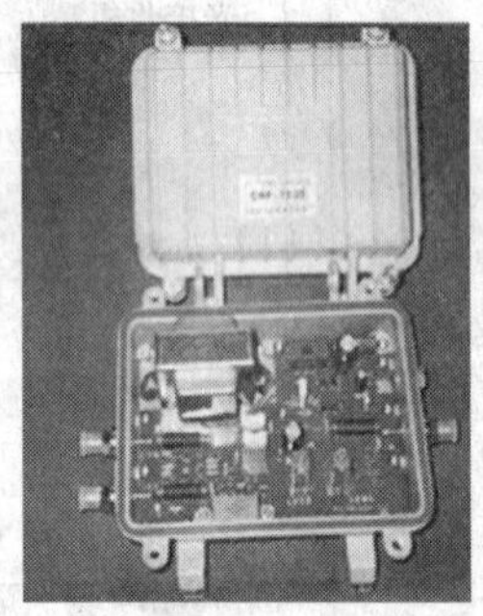

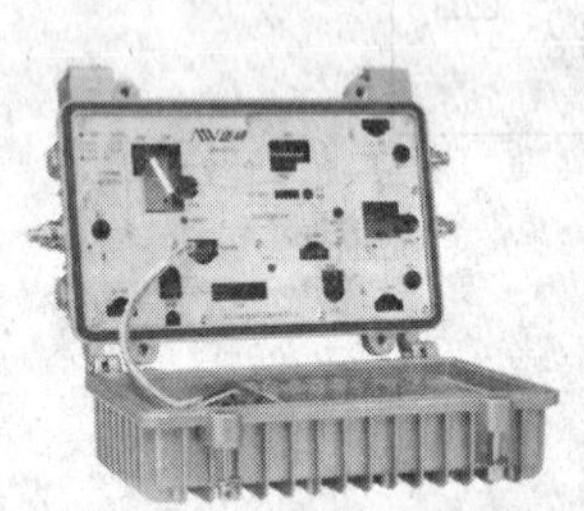

图 2—52　放大器

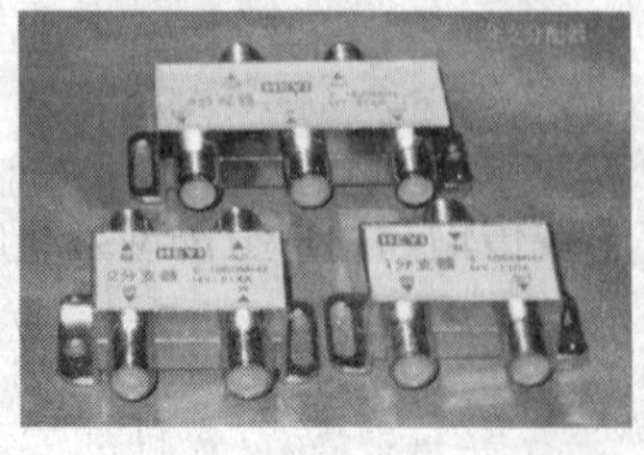

a)

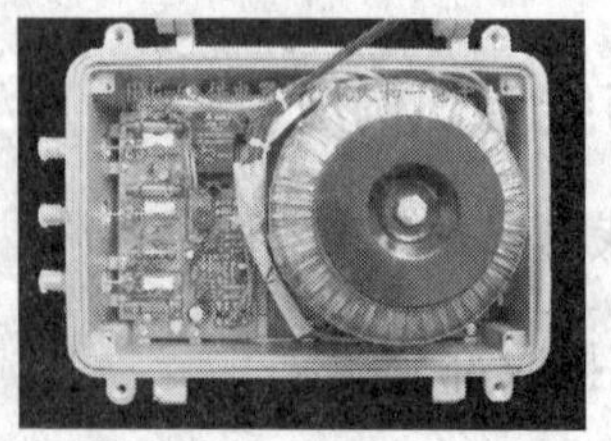

b)

图 2—53　分支分配器和供电器

a）分支分配器　b）供电器

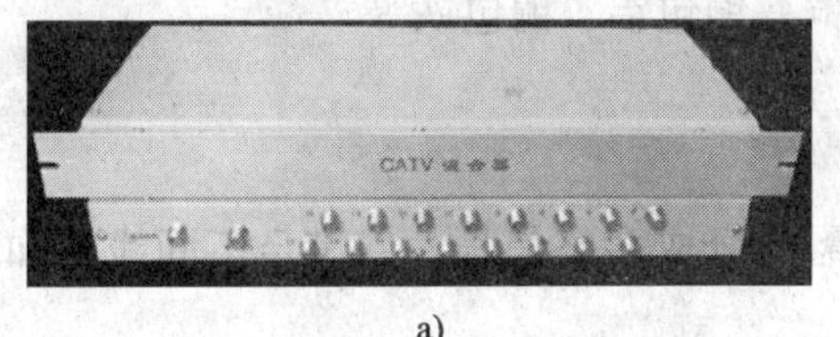

a)

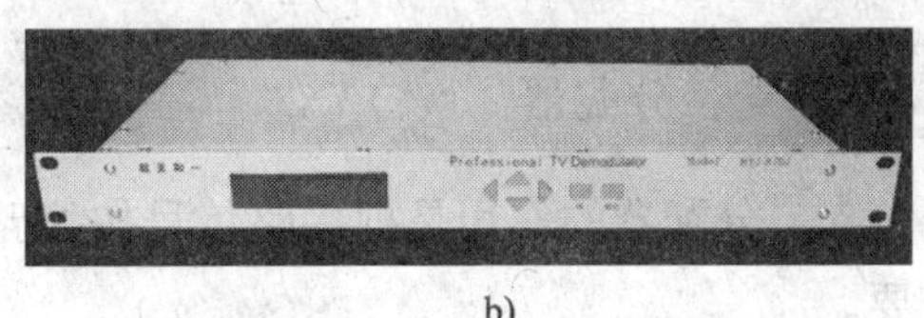

b)

图 2—54　信号混合器和解调器

a) 信号混合器　b) 解调器

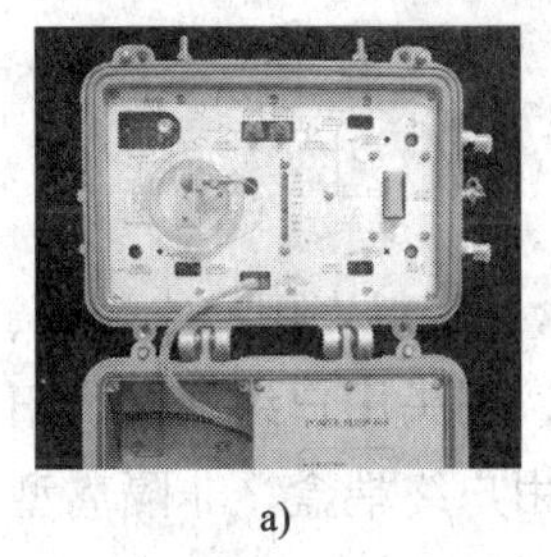

a)

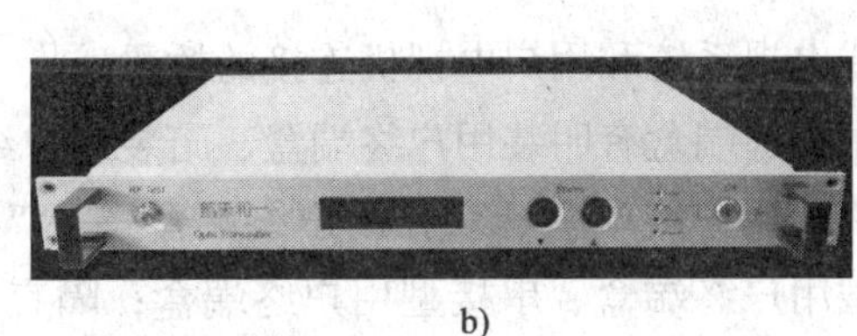

b)

c)

图 2—55　光接收机、光发射机和用户终端盒

a) 光接收机　b) 光发射机　c) 用户终端盒

1. 放大器

放大器是有线电视系统中最重要的器件之一，其作用是把信号放大以补偿在传输过程中的损耗，保证用户端电平足够高，失真和噪声尽可能小。

(1) 根据使用场合来分，放大器分为天线放大器、前置放大器、干线放大器、延长（支干）线放大器和分配（楼栋）放大器。

(2) 根据传输带宽来分，放大器分为频道放大器、频段放大器、宽带放大器（300 MHz、450 MHz、550 MHz、750 MHz、860 MHz）。

(3) 根据种类不同来分，放大器可分为单模块放大器、双模块放大器、多模块放大器；单向放大器、双向放大器；单输出放大器、双输出放大器、多输出放大器；室内型放大器、野外型放大器（机架式或机壳式）；高增益放大器、中增益放大器、低增益放大器。分散供电型放大器、集中供电型放大器（220 V/60 V）。

2. 同轴电缆

同轴电缆是有线电视系统的重要器材之一，是传输射频信号的主要媒介，由内导体、外导体、绝缘介质和外护套四部分组成。

(1) 根据尺寸大小来分，同轴电缆有国产 -5、-6、-7、-9、-12、-13、-15、-17，RG6、RG11。国外有 MC-440、500、650、750，QP-540、565、860。

(2) 根据介质材料来分，同轴电缆有实心、化学发泡、纵孔、物理发泡和竹节电缆。

(3) 根据外导体材料来分，同轴电缆有全屏蔽网、屏蔽网+铝膜（双屏蔽和四屏蔽）、铝带纵包、焊接铝管和拉伸铝管等。

（4）根据内导体材料来分，同轴电缆有全铜、铜包铝、铜包铁等。

3. 分支、分配器

分支、分配器的作用是把一路信号按线路需要分成多路信号，以满足不同线路和用户的需要。

根据分类不同，分支、分配器有室内型分支、分配器、室外型分支、分配器；过流型分支、分配器、非过流型分支、分配器；普通分支、分配器、高隔离度分支、分配器。

4. 用户终端盒

用户终端盒是有线电视系统和用户电视机连接的桥梁。

根据分类不同，用户终端盒有明装用户终端盒、暗装用户终端盒；塑料壳用户终端盒、金属壳用户终端盒；单孔用户终端盒、双孔用户终端盒——TV/FM，阴头用户终端盒、阳头用户终端盒；终端型用户终端盒、串接型用户终端盒；隔直流型用户终端盒、非隔离型用户终端盒；混合型用户终端盒——RJ-45、F头、TV/FM。

注意：建议采用终端隔直流型用户终端盒。

三、卫星及有线电视安装调试

1. 有线电视系统的设计

有线电视系统的设计主要有网络建设总体规划和工程技术设计方案两部分。

网络建设总体规划主要是根据当前科学技术的发展、社会需求和经济实力等因素，制定一段时期内当地广播电视网络发展的目标，确定当前网络建设的规模、分阶段实施步骤和今后发展的方向。

工程技术设计方案主要是根据总体规划的要求，针对不同阶段的网络建设模型进行设计和计算，为网络建设工程提供设计原则和准确数据。

网络建设总体规划和技术设计方案两部分密切相关。

2. 有线电视系统的安装

施工质量的好坏是有线电视系统能否正常工作的关键，也是保证系统能否长期稳定运行的重要环节。因此，在施工中一定要精心组织、加强管理、统一规范和严格验收，确保工程质量合格。

（1）工程施工前的准备工作。组织和挑选施工队伍，做好岗前培训。调查施工地点情况，精心绘制施工图样，标明线路走向和设备器材型号、安装位置，注明施工要求；办理工程施工审批手续。严格按设计图样要求组织和清点施工设备器材，确保施工设备器材的质量完好无损。

（2）工程施工管理。每个工程的设计施工都应配备一名施工技术管理人员，以便处理

和协调施工中出现的问题，并随时检查每一段工程的施工质量。严格按照施工设计图样和施工规范的要求施工，不得随意更改设计方案和图样。碰到特殊情况需要修改设计方案和图样时，必须重新设计和计算，并经审核批准后方可施工。施工工程完工后，由施工技术管理人员先行调试开通；工程调试合格，应准备好图样、资料报技术管理部门验收，工程验收合格方可签字移交；图样和资料一并移交给技术管理和维护部门，以便存档和维护使用，维护部门接手进入正常维护工作。

（3）工程施工的一些基本要点

1）天线安装底座要与地面（或屋面）水泥基础紧密连接，并做好防雷接地措施，外露铁件要做好防锈处理。

2）机房设备机架要连接紧固，设备之间要留有一定的间距，以便散热；机架要有良好的接地措施，机架的接地不得与防雷接地系统高电位连接。

3）机房供电系统要安全可靠，要求配备备用电源（含发电机）和稳压电源，有条件的应配备不间断电源（UPS）。信号设备系统供电要统一，防止供电相位和电位差不一致而干扰正常信号质量。

4）强、弱电系统要做好屏蔽隔离，分开走线，以免引起干扰而影响信号质量。

5）户外架设电缆、光缆必须使用钢绞线和挂钩。挂钩间距为0.5～0.6 m。不得使电缆、光缆直接受力。

6）与电力线要保持一定距离。与1 kV以上电力线要距离2.5 m，与1 kV以下电力线要距离1.5 m，与户内明线要距离0.3 m。

7）电缆弯曲度不小于线径的40倍。在转弯处和钢绞线固定处要留有余量。

8）户外接头必须做好防水处理，有条件的户外电缆均采用铝管电缆，电缆接头采用$\frac{5}{8}$ in的防水接头。户外放大器和分支、分配器应采用防水型，并要保证不被水浸泡。

9）架空电缆和墙壁电缆引入地下时，要采用2.5 m以上的钢管保护，钢管埋入地下0.3～0.5 m。电缆直埋深度不得小于0.8 m。

10）架空电缆、光缆跨越交通要道时，高度不得低于4.5 m，特殊地段不得低于6 m。

11）带放大器的放大器不得带用户，带用户的放大器不得带放大器。

12）主干线、支干线应尽可能传输最远、线路开口最少。

13）用户盒应采用隔直流型，以防市电串入引起干扰或伤人。

14）有源器件必须要有良好的防雷接地措施，特别是干线放大器和光站。

3. 有线电视系统的调试

（1）调试前的准备工作。调试人员应具备一定的理论基础和实践经验，熟悉仪器使用和常见故障处理方法。阅读、熟悉有线电视系统的设计图样和资料，掌握设计要点。阅读所要调试设备的说明书，掌握设备特性和使用要求。配备必要的设备、仪器，如场强仪、万用表、电视机及相关工具配件等。

（2）信号源的调试。使用场强仪调整接收天线的方向，使接收天线的电视频道场强最大；并用电视机监看图像质量有无杂波干扰和重影；天线信号电平低于 60 dB 的可考虑使用低噪声天线放大器。根据所接收卫星方位参数，使用场强仪、卫星接收机和电视机调整卫星天线的仰角、方位角，使所需接收信号的接收场强最大和图像质量最好且稳定。

（3）前端设备的调试。根据设计方案的要求配置各电视频道调制器，并调整所有调制的输出电平基本相一致，视频调制度为 87.5%，图像载波电平与伴音载波比（A/V）为 -17 dB（标准为 13 ~ 24 dB）。调整调频调制器的输出电平与电视伴音载波相一致（也可稍低于图像载波），并调整信号频偏为 ±75 kHz。调整频道处理器的输入、输出频道，使输入和输出频道与接收信号频道及转换的频道相一致。并调整输入电平为 70 ~ 75 dB，输出电平和 A/V 比与其他频道基本相同。

（4）干线系统调试

1）检查干线供电器（或不间断电源 UPS）和电源插入器连接是否正确，测量电源供电是否正常。并检查各干线放大器的电压、电流是否满足正常工作要求。

2）按设计方案要求调整干线放大器的输入、输出电平。

3）对于具有单导频控制 AGC 和双导频控制 ALC/ASC 的干线放大器，一般调整方法是先关掉导频控制，调整输出电平到设计值；分别打开导频信号控制开关，调整输出电平至最大值，再回调至设计值。不同的放大类型有不同的调整方法，可参照说明书的要求进行调整。

（5）分配系统的调整

1）延长线放大器和分配放大器的调整与干线放大器调整基本相同。

2）检查用户电平是否达到设计要求，一般用户电平在（67 ±4）dB 或（70 ±5）dB 之间，主要视网络实际情况和干扰情况而定。一般用户电平分配低些，每台放大器所能带的用户可以更多，有利于节省网络建设投资。

3）观看用户端的各频道电视机图像是否清晰、稳定，有无噪声大、交调干扰、互调干扰或外来信号干扰等问题，并根据实际情况调整分配网络参数，最终满足网络设计要求。

知识巩固

1. 卫星及有线电视由哪几部分构成？
2. 简述卫星及有线电视的主要设备。
3. 谈谈卫星及有线电视的安装、调试步骤中需注意哪些事项。

第五节　公共广播系统

随着城市建设的不断发展，城市内的高层建筑及大、中型民用建筑如雨后春笋般纷纷拔地而起，成为现代化城市的象征。不断兴建的现代化宾馆、大型商场、车站、飞机场、

轮船码头、体育场馆等公共场所，越来越多地需要与之配套的公共广播系统。

设计和施工优良的广播系统，不仅可以给人们带来轻松、愉快、舒适的艺术享受，而且在建筑物发生紧急情况（如火灾、地震等）下，还能发挥及时指导人员疏散，统一指挥救灾工作，避免重大人员伤亡事故发生的重要作用。

公共广播系统是专用于远距离传输音乐节目信号的音频系统，是可用于宾馆、办公楼及大中型会场、体育场等公共场所的广播系统。公共广播系统属于扩声音响系统中的一个分支，而扩声音响系统又称为专业音响系统，涉及电声、建声和乐声三种学科的边缘科学，所以公共广播系统最终效果是合理、正确的电声系统设计和调试，良好的声音传播环境（建声条件）和精确的现场调音三者最佳的结合，三者相辅相成，缺一不可。如图2—56所示为公共广播系统示意图。

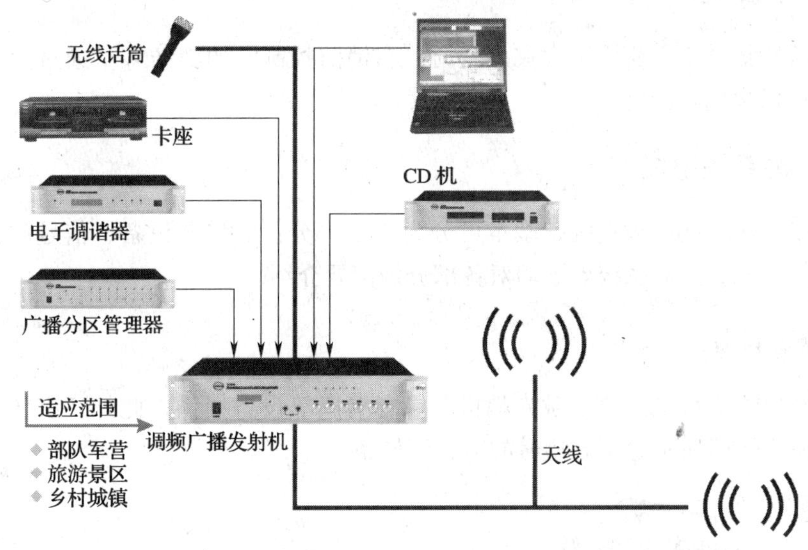

图2—56 公共广播系统示意图

公共广播系统在系统设计中必须综合考虑上述问题。在选择性能良好的电声设备基础上，在周密的系统设计、仔细的系统调试和良好的建声条件下，实现电声悦耳、自然的音响效果。

一、公共广播系统类型

广义的广播系统包含扩声系统和放声系统两大类。①扩声系统：扬声器与话筒处于同一声场内，存在声反馈和房间共振引起的啸叫、失真和振荡现象。要保证系统稳定和正常运行，最高可用的系统增益比发生声反馈自激的临界增益低6 dB。②放声系统：系统中只有磁带机、光盘机等声源，没有话筒，不存在声反馈可能，声反馈系数为0，是广播系统的一个特例。

现代化建筑的公共广播系统根据建筑规模、使用性质和功能要求，可分为以下三种类型：业务性广播系统、服务性广播系统、火灾事故广播系统。

1．业务性广播系统

办公楼、商业写字楼、学校、医院、铁路客运站、航空港、车站、银行及工厂等建筑物设置业务性广播，以满足业务和行政管理为主的业务广播要求。

2．服务性广播系统

宾馆、旅馆、商场娱乐设施及大型公共活动场所设置服务性广播，服务性广播范围是背景音乐和客房节目广播，目的是为人们提供欣赏性音乐类广播节目，以服务为主要宗旨。广播节目内容安排应根据服务对象和工程级别情况而定。

3．火灾事故广播系统

火灾事故广播系统主要用于火灾发生时，在消防控制室的消防人员通过火灾事故广播引导人们迅速撤离危险场所。

二、公共广播系统组成

不管是哪一种公共广播系统，基本可分为 4 个部分：节目源设备、信号放大器和处理设备、传输线路和扬声器系统。下面对各部分做简要介绍。

1．节目源设备

节目源通常由无线电广播、激光唱机和录音卡座等设备提供，此外还有传声器、电子乐器等。如图 2—57 所示为不同型号的节目源设备。

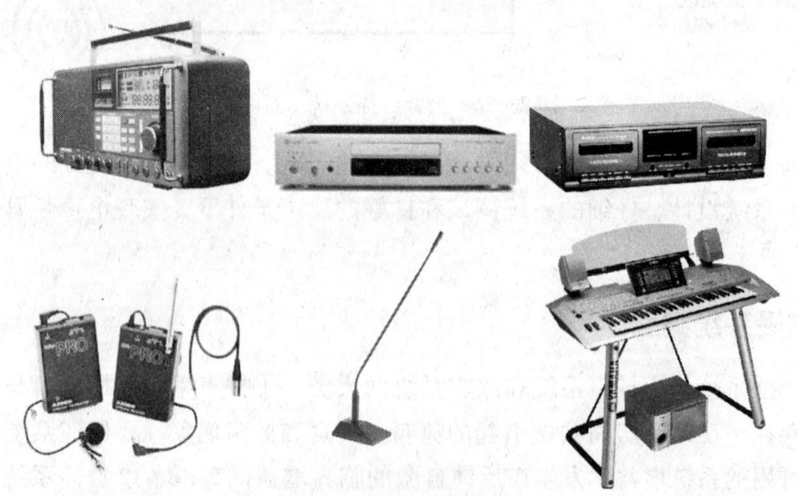

图 2—57　不同型号的节目源设备

2．信号放大器和处理设备

信号放大器和处理设备包括均衡器、前置放大器、功率放大器和各种控制器及音响加工

设备等。这部分设备的首要任务是信号放大，其次是信号的选择。调音台和前置放大器的作用和地位相似（当然调音台的功能和性能指标更高），它们的基本功能是完成信号的选择和前置放大，此外还对音量和音响效果进行各种调整和控制。有时为了更好地进行频率均衡和音色美化，还另外单独投入图示均衡器。这部分是整个广播音响系统的“控制中心”。功率放大器则将前置放大器或调音台送来的信号进行功率放大，再通过传输线路去推动扬声器放声。如图2—58所示为均衡器、调音台。如图2—59所示为功率放大器、前置放大器。

图2—58　均衡器、调音台

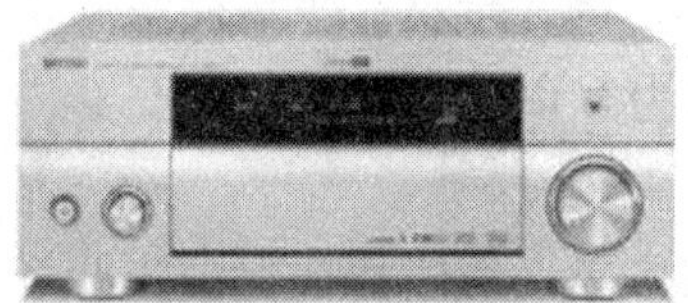
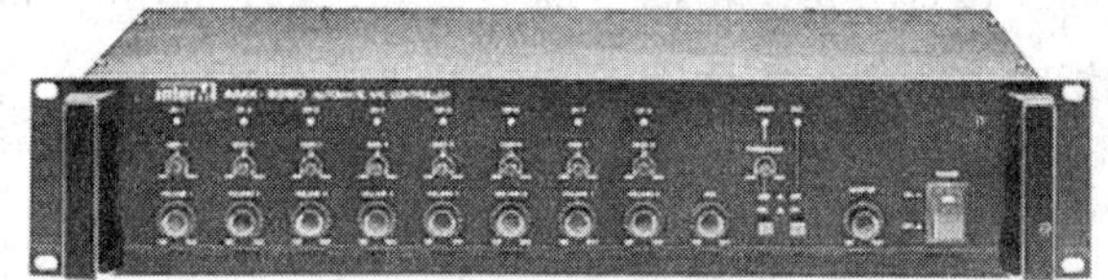

图2—59　功率放大器、前置放大器

3. 传输线路

传输线路虽然简单，但随着系统和传输方式的不同而有不同的要求。对于礼堂、剧场等，由于功率放大器与扬声器的距离不远，一般采用低阻大电流的直接馈送方式，传输线要求用专用喇叭线。而对于公共广播系统，由于服务区域广，距离长，为了减少传输线路引起的损耗，往往采用高压传输方式。由于传输电流小，故对传输线要求不高。

4. 扬声器系统

扬声器系统要求整个系统相匹配，同时其位置的选择也要切合实际。礼堂、剧场、歌舞厅中扬声器一般用大功率音箱；而公共广播系统由于对音色要求不高，一般用3～6 W的天花喇叭即可。如图2—60所示为不同型号的扬声器。

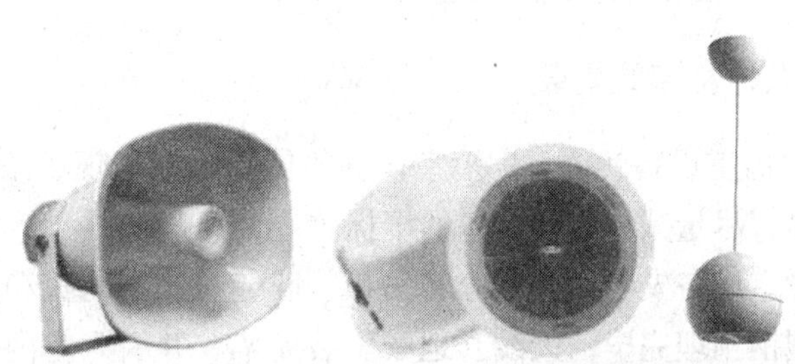

图2—60　不同型号的扬声器

三、公共广播系统施工

公共广播系统设计通常都是从声场开始（即扬声器的放置位置），然后再向后推进到功率放大器、声处理系统、调音台，直至话筒和其他音源。这种逐步向后推进的设计步骤是必然的。因为声场设计是满足系统功能和音响效果的基础，它涉及扬声器系统的选型、供声方案和信号途径等。只有在确定扬声器系统后才能进行功率放大器驱动功率的计算和驱动信号途径的确定，然后再根据驱动功率的分配方案，进一步确定信号处理方案和调音台的选型等。

1. 公共广播设备选型

一套好的公共广播系统，应由专门的技术人员根据建筑特点和投资方所选用的具体设备进行二次设计。投资方在选用设备时，应根据资金情况尽量选用性能稳定、使用寿命长的设备。设计人员会根据市场上公共广播产品的特点，以质量、价格、售后服务、生产厂家的综合实力等多方面因素为标准进行分析、比较，最终为客户选择最适用的公共广播系统。选型原则如下：

（1）系统设计的科学性、准确性和先进性。设计公共广播系统时，要保证这些场地的声学技术指标达到招标文件中规定的要求，使各个场地的音响系统设计具有科学性、准确性和先进性。

（2）满足功能要求的系统性和实用性。在公共广播系统设备配置中，要保证系统应具备完成工程所要求功能的能力和水准，符合工程实际需要和国内有关规范的要求，实现容易，操作方便。公共广播系统选用的设备均为国外国内知名厂家的先进产品，设备的指标满足要求，并且具有一致性和互换性，使系统具有良好的灵活性、兼容性、扩展性和可移植性。

（3）设备的可靠性和服务保障。设计公共广播系统中主要设备均为著名品牌的产品，具有极高的可靠性和出色的性能表现，已在国内各地成功应用并获得很高的赞誉；同时有一定的免费保用期，并在国内各地建立有完善的技术服务网络，能为客户提供及时有效的服务。

（4）系统配置的经济性。始终遵循公共广播系统选用设备的性价比最佳的原则，保证公共广播系统配置具有很高的经济性和实用性。

2. 公共广播系统安装

（1）广播室设备就位。广播室设备的位置应根据现场条件来确定，做到便于操作，便于设备散热，尽量减少其他设备的干扰。

在广播室设备安装之前，应将吊顶、墙壁粉刷、地板和隔声层工程完工；有关机柜设备的基础型钢预埋完毕；天线、地线安装完毕，并引入室内接线端子上；进出线管槽预留位置正确，方可进行设备安装就位。

设备开箱后，要认真按照设备清单检查设备外表及其附件，收集并保存设备操作使用说明书。

广播室设备的布置应使值班人员在值班座位上能看清大部分设备的正面，能方便迅速地对各设备进行操作和调节，监视各设备的运行显示信号。

广播室的设备安装要考虑到维修的方便，设备间不应过分密集。控制台与机架间应有较宽的通道，与落地式广播设备的净距一般不宜小于1.5 m。设备与设备并列布置时，应保证间隔便于通行，一般不宜小于1 m。

设备的安装应该平稳、端正，落地式设备应用地脚螺栓加以固定，或用角钢加固在后面的墙上。

对于和外线有关的设备，其装置应尽量靠近外线进入的地方，同时也要考虑使用方便。这类设备最好直接装置在墙上，其装置高度可根据需要而定。一般地线接线板装置在高度为1.8 m处，分路控制盘和配电盘装置在高度为1.2 m处（均指盘柜底边到地面的距离）。

设备安装完毕，应对其垂直度进行调整。调整时，采用吊线锤和钢板尺进行。

广播设备安装在装修木地板的室内时，设备应固定在预埋基础型钢上，并加以螺栓紧固，不宜放置在木地板上，导线可以敷设在木地板下的线槽中。

（2）导线敷设。首先应按系统的配置情况，确定系统各设备合适的安装位置，然后确定走线用的管道（或槽板）的位置及走向。走线应避免与电力线并行，否则会影响通话清晰度和引入干扰噪声。

1）输出电缆选择。一般来讲，扩音系统输出电缆的截面积不应小于0.75 mm^2。电缆应排在导线槽内，或采取其他的有效保护措施。在临时布线时，因线路垂悬、松弛，所以最好用较重型电缆（1.5 mm^2），并且最好在外面施加保护措施。

2）室内导线敷设方式。广播室内的导线敷设可分为天线引入接线、中间连线、输出线、电源引线和接地线敷设。输入放大器的信号线路，一般传送电平极低，易受外界干扰，产生干扰后经放大器放大输送给扬声设备，对广播质量影响较大。虽然此类线路已在设计中采用了屏蔽电缆，具有很强的抗干扰能力，但在安装施工时应特别注意以下两点：

①广播室是各种强弱信号线和电源线的汇集点，干扰源较强，屏蔽电缆电线中间严禁设置中间接头。

②在屏蔽电缆电线与设备、插头连接时注意屏蔽层的连接，连接时应采用焊接，严禁采用扭接和绕接。焊接应牢固、可靠、美观。中间连线是指用在前级放大设备与功放设备分装的设备上，把经过前级放大后的信号用中间连线连接在功放设备上，此类线路传输电平虽然比输入线要高，但仍需要用能抗干扰的屏蔽线。连接线中间也不允许有接头，两头用插头连接，连接方法为焊接（即导线与插头焊接）。

广播室通常有以下走线方式：

a. 地板线槽走线。地板下设线槽走线适用于设备多、设备间连线相互交错的广播室。广播室地面敷设地板或预留线槽，可将导线整齐地排放在预留线槽内，用绑扎线每隔

1~1.5 m 绑扎一次。导线一层排列不下可以排列两层，两层不应绑扎在一起。转弯处转弯半径应大于导线直径6倍以上。线槽盖板应盖在线槽上。导线进出地板线槽时，应采用金属线槽加以保护。金属线槽底板用膨胀螺栓固定在设备背面。金属线槽应与地线做可靠连接。

b. 暗管敷设。暗管敷设也是一种常用的走线方法。它是将钢管预埋在地下或墙壁内。有时采用暗管敷设配线，暗敷在天棚吊顶和木地板内，再在钢管内穿放导线。钢管的直径可根据管内敷设的导线截面积、数量和将来的预留量决定。低电平线与高电平线以及电源线、广播输出线不要同穿于一管内。穿线用的保护套管、线盒应在砌墙时预埋好。预埋的深度应根据面板的结构确定，应使设备面板紧扣墙面。线管口应光滑无毛刺。对较长或有两个弯曲部位的管子，在暗装时应预穿钢丝，以便穿引电线。

c. 明敷设。在小容量的广播室可采用明线安装，或用塑料线槽或硬管明配线。明装配线时，线路应保持横平竖直。各房间的安装高度和位置应一致。

输出线是指由扩音机输出端子到广播室分线端子箱的一段连接线路，传输电平较高，可按一般塑料线的敷设方法进行，敷设路线、导线截面按设计选定。这种线路两端应焊接接线端子，用接线端子排上的螺栓加以固定。压接应牢固可靠，并对每根导线两端进行编号，编号应与系统图一致。

广播设备应进行可靠接地。接地线引入广播室的地线端子板上，室内地线引线是指设备接地端子至地线端子的连线，一般采用截面积不小于16 mm^2 的软铜芯电缆作为连线，芯线两个连接端头应做搪锡处理或焊接接线端子，地线采用螺栓紧固在地线端子或设备的接地端子上，螺母下应加弹簧垫片。

系统接线是在端子排上连接的，接线时应对端子进行编号。编号应和系统图中的编号一致，编号可用塑料套管。在走线用的管道或线槽内不应有导线接头。布好的导线各头尾处应做好必要的标记，并保护好，否则会给下一步的安装带来很大麻烦。对于新建建筑，布线应在土建粉刷完工后进行。

穿线时应将电缆放在线架上，不要扭急弯。在管子出口处应套橡胶护圈保护电缆。电缆在接线盒内要留有150~200 mm 的预留量，以备维修时使用。

(3) 校线。按照系统图、布线图布好各路电缆。电缆在与各设备连接前，应用万能表检查，区分好各线名代号，并检查各线路是否畅通。相互间及与铁管间应绝缘良好。并检查每根电缆，每根芯线的编号是否与施工图相符。在检查无误后即可连接各部分。

(4) 电源。广播室一般设置有独立的配电盘（箱），由交流配电盘（箱）输出若干回路供给各个广播设备交流电源。配电盘（箱）分为壁接式和落地式两种。中等容量的广播室（500 W 以下）一般采用壁接式，这种配电箱采用4个8×70 膨胀螺栓加以固定，施工方法如下：

1）在混凝土或砖墙上画线，然后用冲击电钻钻孔，其位置应使配电箱底边距地1.5 m。

2）清理孔内的灰渣，放入膨胀螺栓。

3）用锤打击胀管，使套管里端胀开。

4）将配电箱安装端正、垂直，拧紧螺母。

大容量的广播室（站）一般采用落地式配电盘，配电盘采用刀开关控制总电源和分路电源，配电盘应安装在基础型钢上，其安装方法同前述盘柜安装。

配电盘（箱）安装完毕后，各控制开关下的标志应清楚，回路编号应齐全。各控制开关应动作灵活有效。广播系统对供电电压和容量要求很高，供电电压与广播音质有关，因此，配电盘（箱）内常设有稳压装置，由于电源电压不稳，会导致音频信号失真，稳压器的容量一般大于实际需要容量，使用时不会发热。有些广播系统具有生产调度指挥、火警广播等功能，可设置直流蓄电池组备用电源和电源互换装置。

（5）机柜。公共广播系统放置在19英寸的标准机柜中。至于机柜的内部间隔则视系统的配备多少决定。基本上，基本的配备包括背景音乐放送机、收音机以及扩大机等。为方便消费者订购，标准机柜单位为高度44.55 mm（1.75 in）。此一标准尺寸又称为「HE」或「U」。机柜通常会加装玻璃门，以方便监视系统设备的运作，但是也有未装玻璃门的情况。

规划机柜间隔时，必须注意以下几项原则：

1）设备的显示器及键盘架设的前端部分高度需适中。当操作员输入程序时，显示器及键盘会上升至水平位置。因此，为方便观看以及操作，基本上系统的放置位置不应高于肩部。

2）卡式放音机、显示器以及其他常用的仪器应该放在容易看见的位置。

3）如果在功率扩大器系统上方安装设备，则其间应放置一层防热护网，以保护系统设备的微处理控制元件不致过热损坏。

4）当使用数个功率扩大器时，则机柜中应装设风扇帮助散热。

5）如果系统连接过于庞大时，建议最好使用电源分段顺序开关，以分散系统开关机时造成电源供应的过大负载。

6）如果系统连接过于庞大时，建议最好将各设备、配线及机柜的编号名称贴上，以方便安装、操作及维修。

广播设备的正确安装和使用不仅对使用者的安全非常重要，而且对设备的性能也是有益的。维修广播设备时，不能把它们放在金属制的架子、台子或桌子上；因为金属会导电，很容易造成触电和设备损坏事故，而且也容易带来干扰噪声。木制的架子和台子是广播设备的理想工作台和支架。但是，必须保证这些台架有足够的强度，能经受住立体声设备的质量而不致倾斜、倒塌。对于大多数唱机来说，保持架子和台子的水平也是非常重要的。

各种广播设备的通风孔不可封闭，尤其是放大器的通风孔更需特别注意。因为有些放大器消耗功率在100 W以上，会产生很大的热量，非常需要通风制冷。不要把一个设备摞在另一个设备上面，除非在各种设备之间至少留有$\frac{1}{2}$ in以上的空隙。在家庭中，切莫把广播设备靠近发热体，也不要放在靠近窗口处，以免受到太阳光的直接照射。若受日光照射，电路里面热量的积累会形成高温，使广播设备性能发生改变或使电路损坏。

（6）接地屏蔽与噪声干扰。许多广播设备和大多数测试设备都要求电源线有接地线，以此防止触电和减小干扰噪声。测试设备通常用3个插脚的插头，但是立体声设备常用两个插脚的极性插头。极性插头最宽的那个插脚始终是交流电源的接地端，因此，正确地使用这个插头将会减少接地回路引起的干扰噪声。

放大器之间的地线除了制造公司指明要连接的地线以外，不要自作主张在两个音频设备之间随便另接地线。一般来说，通过极性电源插头和音频电缆外屏蔽线的连接，每个广播设备都接好地了。

话筒与放大器可采用低阻抗非平衡式连接和平衡式连接两种方式。非平衡式连接方式连接简便，但易受附近的交流电源、无线电波等外部干扰，在传输距离较近时可以采用。平衡式连接可使线路不受外电磁场干扰。因此，传输电缆的距离可较长（可达100 m）。

上述的接地线也可用做公共广播系统信号的屏蔽接地，所有的设备依分类（弱信号、强信号、控制信号等）将隔离线接在一起。因此，在理想的情况之下，公共广播系统的信号将是干净且无干扰的。但是不幸的是，地线常常因设备未做分类接地或接地不良等因素而造成地线干扰。如果可能的话，最好将同一类型的设备在地下拉一条独立的地线回路，再适当地将地线与机柜连接。

接地与屏蔽建议如下：

1）接地时，确定一个设备或一个系统仅有一点接地。有关电源的部分由总电源的接地点再分接给各器材电源接地。有许多器材可能没有机壳接地，也尽可能地利用其金属外壳与机柜的金属外壳相连接，以达到接地的目的。如果器材与机柜之间金属连接不良，可另外利用一条短的连接线将其相接，以确定之间的连接良好。

2）有些器材由于信号输出是不平衡的方式，也尽可能地利用隔离变压器将其转换为平衡式的电气特性。

3）若无法做上述改变，也尽可能地缩短彼此之间的连线。

4）通常器材都会将接地分为电气接地与系统接地。在此情形下，多组器材相接时，须注意可能会有多点接地的情形发生。

5）通常器材（单机）的电气接地与系统接地是用跳接线连接在一起的。若多组器材相连时，此跳接线就需拆开，让各器材的电气接地与系统接地回路分开。

6）传输音频信号需要使用专用的音频电缆。这些电缆必须非常柔软，通常还加有屏蔽，在连接器处不变形。采用焊接或压接的方式使之与连接器连接好，并且尽可能做上彩色标记。音频电缆的中心导线周围有金属屏蔽网（屏蔽网覆盖面占90%以上），它可以使信号源与放大器之间的小信号不受噪声的干扰。另外，这些电缆的电容必须很小（约每英尺40皮法以下），以减小高频损失。

知识巩固

1. 公共广播系统指的是什么样的系统？它有哪些类型？
2. 公共广播系统由哪几部分组成？
3. 谈谈公共广播系统施工中需注意的事项。

思考与练习

1. 计算机网络及通信系统包含哪几个方面?
2. 常见的计算机网络系统施工需用到哪些材料与工具?
3. 结合身边的楼宇，谈谈如何进行楼宇智能前的网络及通信系统设计。

第三章　智能楼宇机电设备及自动化系统

本章提示

本单元主要介绍智能楼宇机电设备及自动化系统的基本知识，主要包括：空调与通风系统、变配电与照明系统、给排水系统、热源、热交换系统、冷冻水和冷却水系统、电梯系统、建筑设备自动化系统，重点是说明这些系统的主要功能、结构及其控制方法。

第一节　空调与通风系统

本课题主要介绍空调与通风系统的基本组成、空调冷热源系统机组的分类、空调与通风系统安装的基本要素，以了解空调通风系统实现自动化监控的方式。

空调与通风自动控制系统的目的，是利用设备和技术对室内空气的温度、湿度、清洁度及气流速度进行调节，保持室内空气的最佳品质，以满足生产对环境的工艺要求，并根据实际需要进行综合能量控制，达到既安全又节能的目的。

一、基本组成

空调与通风系统主要包括以下基本系统。

1. 空调冷热源及水系统

该系统涉及的内容主要包括：蒸汽压缩式制冷、吸收式制冷的基本原理，锅炉房设备的组成及工作过程，以及空调冷热源设备的选择和冷热源系统的设计方法。

2. 空调末端设备及风系统

该系统主要包括：风机盘管、组合式空气调节机组和新风机组、通风空调风口、消声器、风系统阀门、防火阀、空气过滤器、空气幕、变风量末端装置等。其中新风机的工作原理图如图 3—1 所示。

3. 防排烟及通风系统

该系统主要包括：送排风管道、管井、防火阀、门开关设备、送排风机等设备。机械排烟系统的排烟量与防烟分区有着直接的关系。防排烟系统可分为机械加压送风的防排烟设施和可开启外窗的自然防排烟系统两种。

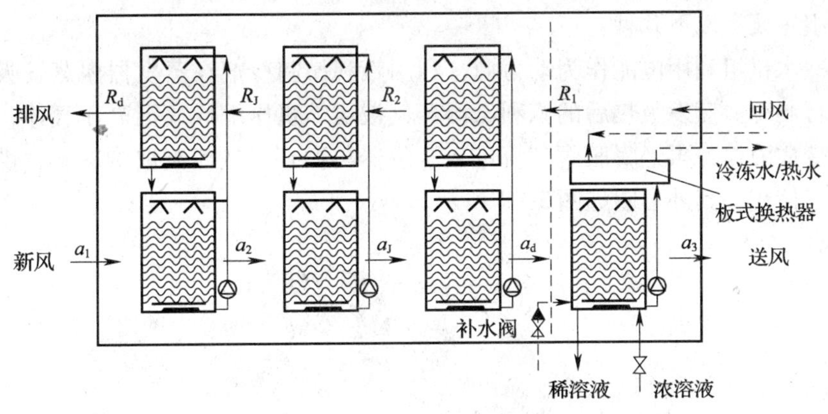

图 3—1　新风机的工作原理图

4. 空调通风自动控制系统

该系统涉及的内容主要包括：空调系统的环节控制、风机盘管的自动控制、新风机机组的自动控制、空调机组的自动控制等。

二、空调冷热源

1. 冷水机组

空调冷热源中一个非常重要的部件就是冷水机。冷水机是一种物理机器，冷水机组以多台压缩机并联的形式优化了冷水机组的工作结构，从而达到高效的制冷量输出。其原理图如图 3—2 所示。

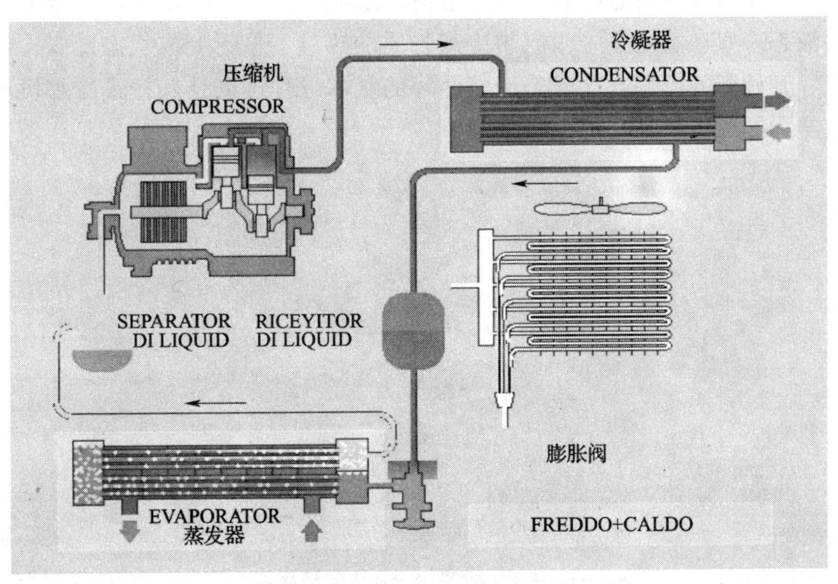

图 3—2　冷水机组原理图

冷水机组主要有以下几种：

离心式冷水机组利用电能作为动力源，利用氟利昂制冷剂在蒸发器内蒸发吸收载冷剂水的热量进行制冷。蒸发吸热后的氟利昂湿蒸气被压缩机压缩成高温高压气体，经水冷冷凝器冷凝后变成液体，再经膨胀阀节流进入蒸发器再循环，从而制取冷冻水，供空调末端设备调节空气使用。其外形图如图 3—3 所示。

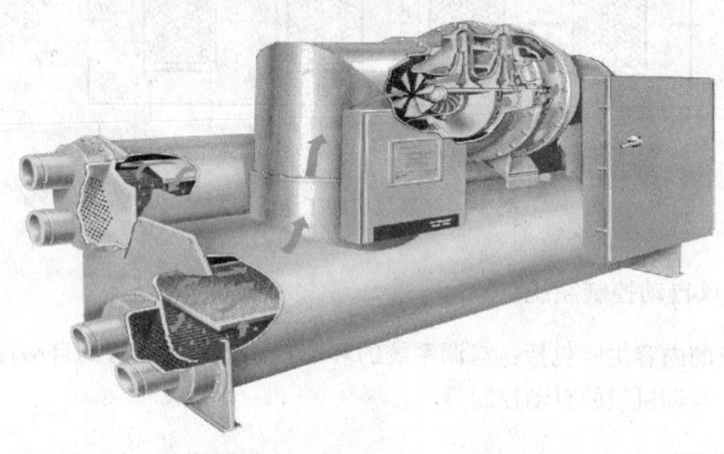

图 3—3　离心式冷水机组外形图

2. 螺杆式冷水机组

螺杆式冷水机因其关键部件压缩机采用螺杆式而得名，机组中，由蒸发器排出的气态冷媒经压缩机绝热压缩后，变成高温高压状态。被压缩后的气体冷媒在冷凝器中被等压冷却、冷凝，经冷凝后变成液态冷媒，再经节流阀膨胀到低压，变成气液混合物。其中，低温低压下的液态冷媒在蒸发器中吸收被冷却物质的热量，重新变成气态冷媒，经管道重新进入压缩机，开始新的循环。这就是冷冻循环的基本过程，也是螺杆式冷水机组的主要工作原理。其结构图如图 3—4 所示。

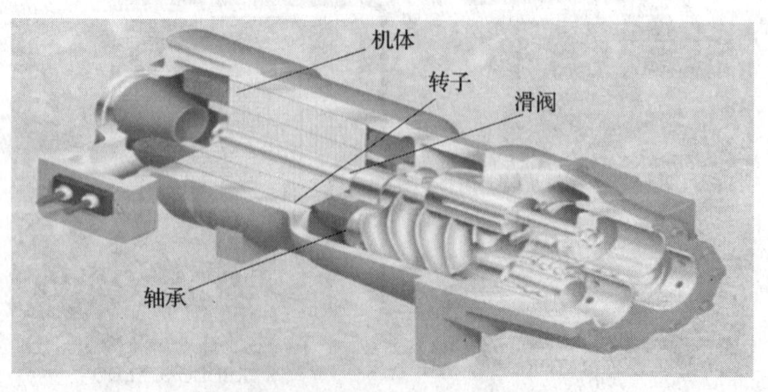

图 3—4　螺杆式冷水机组结构图

3. 活塞式冷水机组

活塞式冷水机组主要适用于单机容量小的小型空调系统中。活塞式冷水机组的主要控制参数为能效比、额定制冷量、输入功率、制冷剂类型以及电源电压等。活塞式冷水机组属于容积式制冷压缩机组，是通过气缸容积在活塞往复运动过程中的变化来达到对冷媒进行压缩的目的的。该设备具有价格低廉、制造简单、运行可靠、使用灵活方便等优点。其外形图如图 3—5 所示。

图 3—5　活塞式冷水机组外形图

4. 蒸汽压缩冷水机组

蒸汽压缩冷水机组包括四个主要组成部分：蒸汽压缩式制冷循环压缩机、蒸发器、冷凝器、部分计量装置，这四个部分使用了不同的制冷剂。吸收式冷水机利用水作为制冷剂，并依靠其中的水和溴化锂溶液达到较强的制冷效果。其外形图如图 3—6 所示。

图 3—6　蒸汽压缩冷水机组外形图

冷热源中包含冰蓄冷和水蓄冷系统，蓄冷介质以冰为主，不同的制冰方式构成不同的蓄冷系统。蓄冷系统的类型通常有两种，完全蓄冷与部分蓄冷。水蓄冷系统利用3~7°C的低温水进行蓄冷，可直接与常规系统匹配，无须其他专用设备。

三、空调循环水系统

该系统主要包括冷却水系统、冷冻水系统和采暖水系统。冷却水系统由热交换器、冷却水泵、管道、冷却塔、储水池组成。冷却水在冷冻机里冷却受热受压的制冷剂后，温度上升至37℃左右，经水泵送至冷却塔，冷却后返回至冷冻机中循环使用。冷冻水系统由热交换器、冷冻水泵、管道、风机盘管、膨胀水箱组成。冷冻水在冷冻机中被制冷剂冷却至7℃左右后送往风机盘管，与空气进行热交换升温至12℃左右后，再返回到冷冻机中被冷却。热媒水在热水锅炉中被加热至60℃左右后送往风机盘管，与空气进行热交换降至55℃左右后，再返回到锅炉中加热。热水和冷冻水共用一套管道系统。

四、空调与通风系统的安装

空调与通风系统的安装主要包括风管及配件的制作、安装，空调系统中的设备安装，空调的制冷、水系统以及通风系统的安装、空调系统中的管道敷设，设备的防腐与保温，空调系统的调试等。

1. 空调、通风系统工程的内容

（1）风管的制作与安装。包括所有送、排风系统，防、排烟系统，除尘系统，空调系统，净化空调系统等所有风管的制作与安装。

（2）风管系统中的所有现场制作的部件。如风管系统中的管件、消声器等的制作与安装，同时还包括净化空调系统中风管系统的所有部件。

（3）空调与通风系统中的设备安装。如空调机组、风机及通风设备、除尘器与排污设备以及净化空调系统中的风机、空调设备、消声设备、净化设备、高效空气过滤器等。

（4）制冷系统中的制冷机组、制冷剂管道及配件、制冷附属设备及管道系统的安装。

（5）空调的水系统。包括冷、热水管道系统，冷却水管道系统，冷凝水管道系统，阀门及部件，冷却塔，水泵及附属设备等。

（6）风路系统，气、水管道系统的防腐与保温。

2. 施工图的审查

在编制施工组织设计方案时，应认真、细致地审查施工设计图样，同时应对施工设计图样进行会审，以了解工程项目的特点。施工图的会审是施工管理工作中施工准备阶段的一项重要技术工作，其目的是减少施工图中出现的错误，确保工程质量和施工

的顺利进行。例如，设计的说明应包括设计依据、设计范围、消防措施、各系统的简要叙述、风管所用的板材、风阀的位置、风管的敷设及保温、通风管道和空调设备的减振及消声措施等。

3. 施工技术准备

(1) 编制综合管线图。其目的是为了方便施工班组的施工，有利于发现施工图中出现的问题，以便及时更正，同时也有利于在技术准备阶段能够更详细地绘制综合管线图。

(2) 编制施工中的试验、调试工作计划。主要包括：阀门的试验、水箱的试验、空调气、水系统的调试，对冷却水系统进行的试压和冲洗，对冷冻水系统、冷却水系统、空调系统中的风系统、防排烟系统等进行的调试。

(3) 编制和预检。

五、空调系统的节能

空调系统的节能主要表现在以下几方面。

1. 建筑及空调系统设计节能

要使空调系统有效节能，首先在设计上应选择合理的系统形式并合理划分系统，便于运行调节及控制。

2. 提高空调工程质量节能

在施工过程中，要严格按照工程的要求，严把质量关，绝不可偷工减料，真正做到细致规范。

3. 空调系统运行管理节能

要严格落实各项规范措施，加强操作人员空调制冷理论的学习和实际操作经验的积累，以保证机组的正常运行和设备的使用效率，从而实现节能的目标。

空调系统的节能设计既要给人们提供舒适的环境，又要考虑可持续发展问题，减少能源浪费。先进的设备、精心的设计、规范的运行是节能的三个重要环节，优秀的设计则依赖于先进的理论和先进的设备。

知识巩固

1. 空调与通风系统主要包括哪些基本的系统？
2. 空调循环水系统的基本原理是什么？
3. 空调与通风系统安装的基本要领有哪些？

第二节 变配电及照明系统

电能的生产、输送、分配、使用是同时进行的，所有设备构成一个整体。通常将生产、变换、输送、分配电能的设备（如发电机、变压器、输配电力线路等）、使用电能的设备（如电动机、电炉、电灯等）以及测量、继电保护、控制装置乃至电能管理系统所组成的统一整体称为电力系统，如图 3—7 所示。

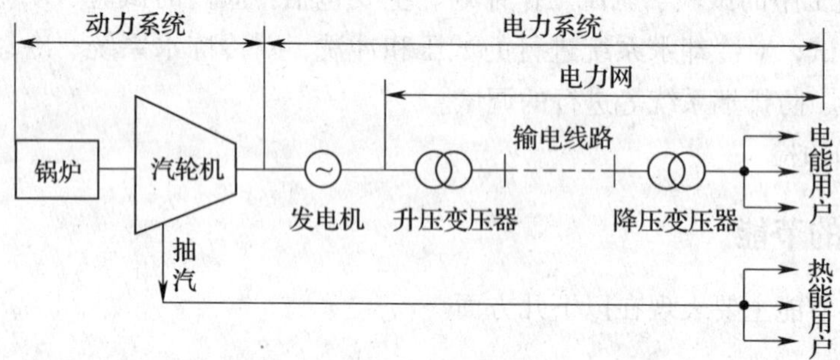

图 3—7 电力系统图

在电力系统中，将各种电压等级的输配电力线路及升、降压变压器所组成的部分称为电力网络，电力系统加上动力设备，如锅炉、反应堆、汽轮机等统称为动力系统。

建筑变配电系统中有一些基本的电气设备，主要是指电力系统中发电、输电、变电、配电、用电设备的总称。按其在电路中的功能不同，可以分为发电设备、变换设备、控制设备、保护设备、补偿设备和用电设备，具体还可划分为自备电源、电力变压器与互感器、高低压开关设备、熔断器、避雷器、动力和照明用电设备等。

一、电气设备

1. 自备电源

（1）柴油发电机组。

（2）不间断电源（UPS）。不间断电源是一种含有储能装置，以逆变器为主要元件，实现稳压、稳频输出的电源保护设备。

2. 电力变压器

（1）三相变压器的结构。变压器主要部件是绕组和铁心（器身）。绕组是变压器的电路，铁心是变压器的磁路，二者构成变压器的核心即电磁部分。除了电磁部分，还有油箱、冷却装置、绝缘套管、调压和保护装置等部件，如图 3—8 所示。

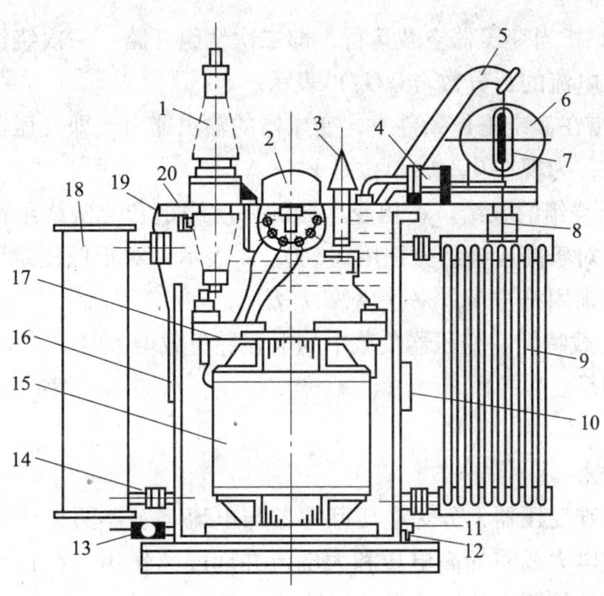

图 3—8　变压器的结构示意图

1—高压套管　2—分接开关　3—低压套管　4—气体继电器　5—安全气道（防爆管）　6—油枕（储油柜）　7—油表　8—呼吸器（吸湿器）　9—散热器　10—铭牌　11—接地螺栓　12—油样活门　13—放油阀门　14—活门　15—绕组（线圈）　16—信号温度计　17—铁心　18—净油器　19—油箱　20—变压器油

（2）三相变压器的技术参数

1）额定值。该值是制造厂对变压器正常工作时所做的使用规定，也是制造厂设计和试验变压器的依据。在额定状态下运行，可以保证变压器长期可靠地工作，并具有良好的性能。

三相变压器型号由汉语拼音字母和阿拉伯数字组成，如图 3—9 所示。

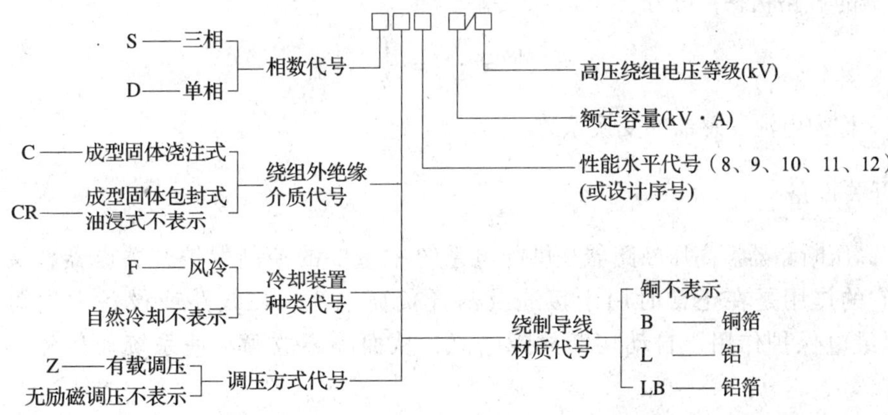

图 3—9　三相变压器的型号

2）额定电压 U_{1N} 和 U_{2N}。变压器在额定状态下，根据其绝缘强度及允许温升规定的一次绕组线电压值，称为一次绕组额定线电压 U_{1N}，变压器空载时二次绕组线电压的额定值称为二次绕组额定电压 U_{2N}。

3）空载电流 I_0。指当变压器空载运行，即二次绕组开路、一次绕组施加额定电压时的电流值，一般用额定电流的百分数（I_0/I_N）表示。

4）额定容量。指在额定工作条件下，变压器的输出能力，即变压器二次绕组的额定电压与额定电流的乘积，为视在功率，单位是 kV · A。

（3）三相变压器绕组的联结。三相变压器的一次绕组和二次绕组都可以接成星形、三角形、曲折形联结，对于高压绕组分别用 Y、D、Z 表示，对于低压绕组分别用 y、d、z 表示，有中性点引出时则用符号 Y_N、Z_N 和 y_n、z_n 表示。

（4）变压器的负载特性。变压器负载中的电容性负载增大时，端电压升高，而电阻性、电感性负载则特性相反。

3. 互感器

互感器是一种特殊变压器，分为电压互感器与电流互感器两类。互感器与测量仪表配合使用时，用于测量电力线路的高电压和大电流并起隔离作用。在自动控制系统中，互感器可作为电压和电流的检测、控制及保护器件。

（1）电压互感器。电压互感器如同一台单相双绕组变压器，电压互感器的一次绕组匝数很多，并联于待测电路两端；二次绕组匝数较少，接电压表及电度表、功率表、继电器的电压线圈。因为电压表阻抗很大，所以电压互感器二次绕组的电流很小，近似于变压器的空载状态，一次、二次绕组中的阻抗电压降均可忽略不计，主要用于将高电压变换成低电压。

（2）电流互感器。电流互感器也如同一台单相双绕组变压器，其一次绕组只有一匝或几匝，与被测电流所在的电路串联，故一次绕组流过的电流与被测电路的电流相等，其二次绕组的匝数较多，与电流表相连接。由于电流表的阻抗很小，因此电流互感器的运行相当于变压器的短路状态，可得：

$$\frac{I_1}{I_2} = \frac{N_2}{N_1} = \frac{1}{k}$$

其中 k 称为电流互感器的变换系数。

4. 开关设备

（1）高压断路器。高压断路器是供配电系统中重要的控制保护开关电器，文字符号为 QF，它的作用是在正常时用于接通及断开负荷电流。在线路或设备发生短路故障时，通过继电保护作用，自动切断故障电流，从而隔离故障，使系统非故障部分可以正常运行。

（2）高压负荷开关。高压负荷开关文字符号为 QL。高压负荷开关设有简单的灭弧室，其灭弧能力比高压断路器差，所以高压负荷开关可以接通或断开工作电流，但不能断开短路电流，这是高压负荷开关与高压断路器的主要区别。

（3）高压隔离开关。高压隔离开关文字符号为 QS，其主要用于在检修电气设备时形成明显的可靠开点，它通常用做安全电器。隔离开关没有专门的灭弧机构，不具备接通和断

开负荷电流及短路电流的能力，与高压断路器有着根本的区别。

高压断路器和高压隔离开关通常串联使用，当有双侧来电可能性时，高压断路器两侧都需加装高压隔离开关。

（4）低压断路器。低压断路器对配电电路或其他设备实施不频繁的通断操作或线路转换，当电路出现过载、断路、失电压或欠电压等非正常情况时，能自动分断电路。

低压断路器的工作原理图如图 3—10 所示。

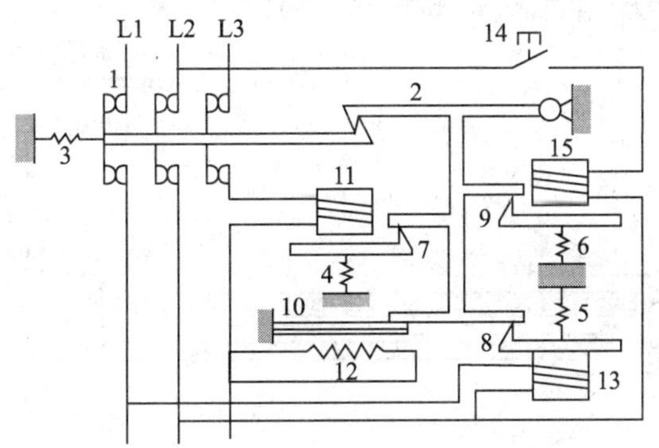

图 3—10　低压断路器的工作原理图

1—触头　2—搭钩　3、4、5、6—弹簧　7、8、9—衔铁　10—双金属片　11—过流脱扣线圈　12—加热电阻丝　13—失压脱扣线圈　14—按钮　15—分励线圈

（5）低压开关。低压开关种类很多，有低压刀开关、低压负荷开关等。低压负荷开关用于低压交、直流电路中，作为手动不频繁接通、分断负荷电路及电路保护之用。

5．保护设备

（1）熔断器。熔断器是一种常用的简单保护电器，用来保护电路中的电气设备，使其在短路或过负荷时免受损坏，文字符号为 FU。熔断器是串联在电路中的，当被保护设备发生短路故障或超负荷时，故障电流明显超过熔断器的额定电流，熔体被迅速加热而熔断，从而切断电路，保护设备不受损坏。熔断器主要分为高压熔断器和低压熔断器。

（2）避雷器。避雷器是一种用来防止雷电产生的过电压沿线路侵入变配电所或其他建筑物内，以免危及被保护设备的绝缘设施。避雷器应与被保护设备并联，装在被保护设备的电源侧，当线路上出现危及设备绝缘的雷电过电压时，避雷器上的火花间隙就被击穿，或由高阻变为低阻，使过电压对大地放电，从而保护了设备。避雷器的类型主要有阀式避雷器、排气式避雷器、保护间隙避雷器、金属氧化物避雷器等。

1）阀式避雷器。阀式避雷器又称阀型避雷器，由火花间隙和阀片组成，装在密封的瓷套管内。火花间隙用铜片冲制而成，每对间隙用云母垫圈隔开。正常情况下，火花间隙阻止线路上工频电流流过，但在雷电过电压的作用下，火花间隙被击穿放电。阀片是由陶料粘固起来的电工用金刚砂（碳化硅）颗粒组成的。这种阀片具有非线性特性。正常电压时，阀片电阻很大；过电压时，阀片电阻变得很小。因此阀型避雷器在线路上出现过电压时，其火花间隙被击穿，阀片能使雷电电流顺畅地向大地泄放。当过电压消失，线路上恢复工频电压时，阀片又呈现很大的电阻，使火花间隙的绝缘迅速恢复而切断工频续流，从而保护线路正常运行。

2）排气式避雷器（管型式避雷器）。排气式避雷器由产气管、内部间隙、外部间三部分组成，如图3—11所示。产气管由纤维、有机玻璃或塑料制成。内部间隙装在产气管内，其中一个电极为棒形，另一个电极装在端部，为环形，如图3—11所示。

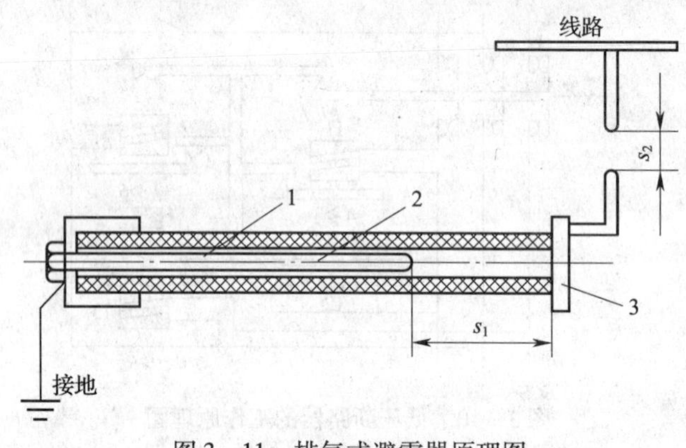

图3—11　排气式避雷器原理图

1—产气管　2—内部电极　3—外部电极

s_1—内部间隙　s_2—外部间隙

当线路上遭到雷击或发生雷电感应时，雷电过电压使排气式避雷器的内、外间隙击穿，强大的雷电电流通过接地装置导入大地。由于放电时内阻接近于零，所以其残压很小，工频续流很大。雷电电流和工频续流使管子内部间隙产生强烈的电弧，使管内壁材料烧灼，产生大量的灭弧气体，气体由管中喷出，强烈吹弧，使电弧迅速熄灭。这时外部间隙的空气恢复绝缘，使避雷器与系统隔离，系统恢复正常运行。

排气式避雷器具有简单经济、残余电压小的优点，但动作时有电弧和气体从管中喷出，因此只适用于室外架空场所，主要是架空线路。

3）金属氧化物避雷器。金属氧化物避雷器有两种类型。最常见的一种是无火花间隙只有压敏电阻片的避雷器。压敏电阻片是由氧化锌或氧化铋等金属氧化物烧结而成的多晶半导体陶瓷元件，具有理想的阀电阻特性。在工频电压下，它呈现极大的电阻，能迅速有效地阻断工频续流。因此无须火花间隙来熄灭由工频续流引起的电弧。而在雷电过电压作用下，其电阻又变得很小，能够很好地泄放雷电流。另一种是有火花间隙、且有金属氧化物电阻片的避雷器，其结构与普通阀式避雷器类似，只是两者的阀电阻材料不同。它比普通阀式避雷器有更优异的保护特性，且运行安全可靠，是普通避雷器的更新换代产品。

6. 用电设备

建筑物中的一般用电设备按照负荷重要性分为三类。第一类为保安型设备，即保证建筑内人身及设备安全和可靠运行的设备，如消防水泵、消防电梯、防排烟设备、应急照明、

通信设备、重要的计算机及相关设备等；第二类为保障型设备，即保障建筑内设施运行的基本设备，主要有工作区照明、部分电梯、通道照明；第三类为一般设备，如空调、水泵及其他一般照明、动力设备。

二、照明系统

一个基本的照明系统由以下几个部分组成：220 V 电源、进户线、配电箱、互感器、电压电流表、电度总表、断路器、隔离开关、接触器、楼层分户电度表、分户进户线、分户配电箱、电器控制开关、插座以及用电器。

1. 照明系统中的基本设备

（1）低压断路器。低压断路器又称自动开关，它是一种既有手动开关作用，又能自动进行失压、欠压、过载和短路保护的电器。它可用来分配电能、不频繁地启动异步电动机、对电源线路及电动机等实行保护，当它们发生严重的过载或者短路及欠压等故障时低压断路器能自动切断电路，其功能相当于熔断器式开关与过欠热继电器等的组合。

（2）隔离开关。在分位置时，隔离开关的触头间有符合规定要求的绝缘距离和明显的断开标志；在合位置时，能承载正常回路条件下的电流及在规定时间内异常条件（如短路）下的电流的开关设备。

（3）接触器。指工业用电中利用电流流过线圈产生磁场，使触头闭合，以达到控制负载的电器。接触器由电磁系统（铁心、静铁心、电磁线圈）、触头系统（常开触头和常闭触头）和灭弧装置组成。其原理是当接触器的电磁线圈通电后，会产生很强的磁场，使静铁心产生电磁吸力吸引衔铁，并带动触头动作：常闭触头断开，常开触头闭合，两者是联动的。当线圈断电时，电磁吸力消失，衔铁在释放弹簧的作用下被释放，使触头复原：常闭触头闭合，常开触头断开。

2. 照明系统设计

设计一个照明系统，首先需确定系统的用电总功率，然后确定总开关和总线的额定电流值，根据额定电流值选择总开关规格和导线规格，再确定各支路的用电功率，以便确定支路开关和支路导线的额定电流值，并根据额定电流值选择支路开关规格和导线规格。最后画导线铺设图，确定灯头、开关、插座的安装位置，计算所需各种规格的导线的长度和各种灯头、开关、插座的规格和数量，还要确定导线是明装还是暗装，以便购买对应的导线套管或线槽。

知识巩固

1. 变配电系统中的基本电气设备有哪些？电力系统中的开关设备主要有哪些？
2. 常用的保护设备有哪两种？避雷器可以分为几种类型？
3. 一个基本的照明系统由哪几个部分组成？

第三节　给排水系统

给排水系统是任何建筑都必不可少的重要组成部分，一般建筑物的给排水系统包括生活给水系统、生活排水系统和消防排水系统。这几个系统都是楼宇自动化系统重要的监控对象。

一、给水系统

1. 分类

（1）给水系统按照用途可以分为生活给水系统、生产给水系统以及消防给水系统。这三种给水系统可以单独设置，也可以组成生产—生活、生活—消防、生产—消防等共用给水系统。在实际工程中要按水质、水压、水温以及室外给水系统情况，综合考虑技术、经济和安全条件等来确定给水系统。

（2）给水系统按照水平供水管的敷设位置可以分为下行上给式、上行下给式、中分式和环状式四种类型。

2. 组成

一般情况下建筑内部给水系统由以下几部分组成。

（1）引入管。

（2）水表节点。水表节点是指引入管上装设的水表及其前后设置的闸门、泄水装置的总称。

（3）管道系统。管道系统是指建筑内部给水水平或垂直干管、立管、支管等。

（4）附件。附件是指管路上的配水附件以及调节附件。

（5）升压和储水设备。室内给水管网的水压或流量经常或间断不足，不能满足室内或建筑小区内给水要求时，应设升压和流量调节装置，如储水箱、水泵装置、气压给水装置。

（6）室内消防设备。设备种类和型号应根据建筑物的性质、规模、高度、体积等条件，视消防规范而定，主要包括普通的消防给水系统和特殊的消防给水系统。

3. 给水方式

（1）按照与室外给水管网的关系，给水方式可划分为直接给水方式、间接给水方式和混合给水方式。

（2）按照水平干管的布置方式，给水方式可以划分为下行上给式、上行下给式、中分式和环状式四种。

4. 水泵的给水方式

根据水泵类型的不同可以分为恒速水泵给水方式和变频调速给水方式。

5. 给水系统管道管材的特点以及连接方法

（1）特点。建筑给水系统最常用的管道有钢管、铸铁管、塑料管，根据管道材料可分为金属管、非金属管和复合材料管三类。金属管包括钢管、铸铁管及铜管等。

（2）各种管材的连接方法

1）塑料管的连接方法。螺纹连接、焊接、法兰连接、螺纹卡套压接、承插接口及胶粘连接等。

2）铸铁管的连接方法。铸铁管的连接多用承插方式，连接阀门等处也用法兰盘连接。

3）钢管的连接方法。螺纹连接、焊接和法兰连接。

4）铜管的连接方法。螺纹卡套压接、焊接等。

5）复合管的连接方法。一般采用螺纹连接，其配件一般是钢塑制品。

6. 水泵和泵房

水泵是一种能够转换能量的机械。它通过工作体的运动，把外加的能量传送给被抽送的液体，使其能量增加。根据水泵的工作原理，可以将其分为叶片式泵、容积式泵、其他特殊类型泵。

泵房按用途可分为生活给水泵房、生产给水泵房、消防给水泵房、污水泵房等。

7. 气压给水设备

气压给水设备是利用密闭压力罐内的压缩空气，将罐中的水送到管网中各配水点的升压装置，其作用相当于水塔或高位水箱，可以调节和储存水量并保持所需的压力，是一种比较常见的给水设备。主要由密闭罐、水泵、空气压缩机、控制器材组成。

8. 自动喷水灭火系统

自动喷水灭火系统是一种利用固定管网、喷头自动作用喷水灭火，同时发出火警信号的灭火系统。它是通过感应火灾时产生的光、热、可见或不可见的燃烧生成物及压力等信号而自动启动的，将水和以水为主的灭火剂洒向着火区域，来扑灭火灾或控制火灾蔓延。它既有探测火灾并报警的功能，又有喷水灭火、控制火灾发展的功能。该系统能够随时监视火情，是安全可靠的自动灭火装置。自动喷水灭火系统具有两个基本功能：一是在火灾发生后自动进行喷水灭火，二是灭火的同时发出警报信号。

二、排水系统

1. 排水系统的分类

建筑内部排水系统的任务是将建筑内生活、生产中使用过的水收集并排放到室外的污水管道系统，可以分为三类。

（1）生活排水系统。生活排水系统用于排除居住、公共建筑及工厂生活间的盥洗、洗涤和冲洗便器等污废水，也可以进一步划分为生活污水排水系统和生活废水排水系统。

（2）工业废水排水系统。工业废水排水系统用于排除工艺生产过程中产生的工业废水。根据污染程度又可分为生产污水排水系统和生产废水排水系统。

（3）雨水排水系统。雨水排水系统用于收集并排除建筑屋面上的雨雪水，一般用于高层建筑和大型厂房的屋面雨雪水的排除。

建筑内部排水体制是指污水和废水的分流和合流。当有中水回用要求时，室内宜采用分流制；当无中水回用要求且室外有污水管网和污水厂时，室内宜采用合流制。工业废水中含有大量的污染物质，应首先考虑回收利用变废为宝，同时为减少环境污染，其排水系统宜采用分质分流。

2. 排水系统的组成

完整的建筑内部排水系统一般由以下几部分组成。

（1）卫生器具或生产设备受水器。

（2）排水管道。

（3）通风管系统。

（4）清通设备。

（5）抽升设备。

（6）室外排水管道。

（7）污水局部处理构筑物。

3. 排水管道系统的组成

建筑内部污废水排水管道系统，按排水立管和通气立管的设置情况，分为单立管、双立管、三立管排水系统。其中单立管排水系统指只有一根排水立管，没有专门通气立管的系统。双立管排水系统也称为两管制，是由一根排水立管和一根通气立管组成的。三立管排水系统也称为三管制，是由一根生活污水立管、一根生活废水立管和一根通气立管组成的。

4. 通气管

目前，国内的建筑室内排水管道通常采用伸顶通气管、专用通气立管、环形通气管、共轭通气管、器具通气管以及互补湿通气管几种。

5. 雨水管道内排水系统

内排水系统是指屋面设有雨水斗，建筑物内部设有雨水管道的雨水排水系统。内排水系统可分为单斗内排水系统和多斗内排水系统、敞开式内排水系统和密闭式内排水系统。

知识巩固

1. 给水系统按照用途可分为哪几种？按照水平供水管的敷设位置可分为哪几种？
2. 自动喷水灭火系统的基本功能是什么？
3. 完整的建筑内部排水系统一般由哪几个部分组成？
4. 建筑内部排水系统分为哪几类？

第四节　热源、热交换系统和冷冻水、冷却水系统

一、冷热源系统的工作原理及组成

冷热源在集中性空调系统中被称为主机，一方面是因为它是系统的心脏；另一方面，它的能耗也是构成系统总能耗的主要部分。如图3—12所示为冷热源系统的工作原理。

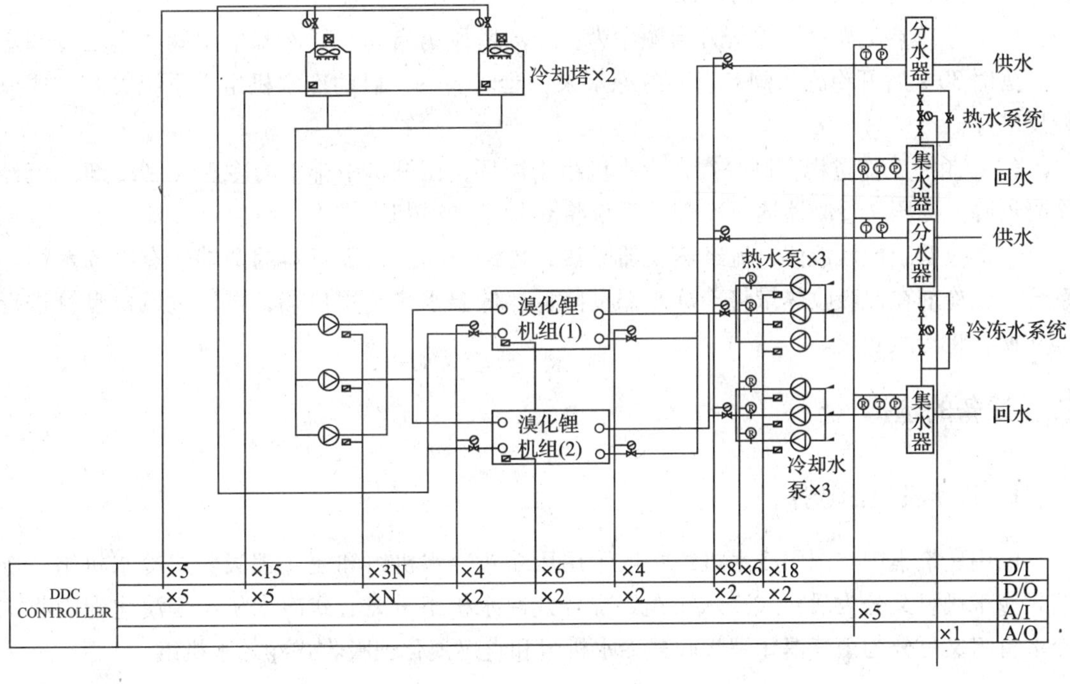

图3—12　冷热源系统的工作原理

此系统为一级泵变流量系统，冷水机组与冷水泵、冷却水泵、冷却塔为一对一方式运行。冷水泵、冷却水泵均设三台，为两用一备，可根据冷水机组及冷却塔工况切换运行。

1. 冷热源机房的组成

（1）冷水机组。这是空调系统的制冷源，通往各个房间的循环水由冷水机组进行内部

交换，降温为冷却水。

（2）冷却塔。冷却塔利用空气同水的接触（直接或间接）来降低水的温度，为冷水机组提供冷却水。

（3）外部热交换系统。该系统由以下两个循环水系统组成。

1）冷冻水系统。该系统由冷冻水泵和冷冻水管道组成。从冷水机组流出的冷冻水由冷冻水泵加压送入冷冻水管道，在各房间内进行热交换，带走房间的热量，使房间的温度下降。

2）冷却水系统。该系统由冷却水泵和冷却水管道组成。冷水机组进行热交换，使冷冻水温度降低的同时，释放大量的热量。该热量被冷却水吸收，使冷却水温度升高。冷却水泵将升温冷却水压入冷却塔，使之在冷却塔中与大气进行热交换，然后再将降温后的冷却水送回至冷却机组。如此不断循环，带走冷水机组释放的热量。

（4）膨胀水箱及补水泵。膨胀水箱是为了补偿闭式系统中存水因温度湿度变化而引起的体积膨胀余地，并有利于系统内的空气排除而设置的，同时它能起到补水箱的作用，当系统冷冻水由于蒸发等因素而减少时向系统补充水量。

2. 工作过程

（1）系统启动顺序。系统开启顺序为：冷却塔风扇启动，开冷却塔水阀，启动冷却水泵，延时 30 s 后开冷冻水阀，启动冷冻水泵，延时 30 s，启动冷水机组。系统关断方式取相反顺序。

（2）制冷工作过程。制冷剂在冷水机组中循环，压缩机中排出的冷媒（制冷剂）流经冷凝器降温降压，冷凝器通过冷却水系统将热量带到冷却塔排出，冷媒继续流动经过节流装置，形成低温低压液体，流经蒸发器吸热，再经压缩。在蒸发器的两端接有冷冻水循环系统，制冷剂在此吸收热量将冷冻水温度降低，低温水流到用户端，再经过风机盘管进行热交换，将冷风吹出。

二、设备的选择

1. 冷水机组的选择

民用建筑集中空调用冷水机组一般采用压缩式冷水机组和溴化锂吸收式冷水机组。压缩式冷水机组又分为活塞式冷水机组、螺杆式冷水机组、离心式冷水机组。溴化锂吸收式冷水机组又可分为蒸气溴化锂吸收式冷水机组和直燃溴化锂吸收式冷热水机组。

2. 冷却塔的选择

冷却塔一般主要由填料（也称散热材）、配水系统、通风设备、空气分配装置、挡水器（或收水器）、集水槽（或集水池）等部分构成。利用空气同水的接触（直接或间接）来冷却水，将携带废热的冷却水在塔体内部与空气进行热交换，使废热传输给空气并散入大气中。

冷却塔台数一般应和制冷机台数相同，无须设置备用塔。小型水冷柜式空调机，也可

多台机组合用一台冷却塔，当选用多台水塔时应尽量选择同一型号。目前常用的一般冷却塔有圆形逆流式和方形横流式。

图 3—13　圆形逆流式冷却塔

（1）圆形逆流式冷却塔。圆形逆流式冷却塔采用逆流式气热交换技术，填料采用优质的改性聚氯乙波片，以扩散淋水面积；通过旋转布水方式，实现布水均匀，增强冷却效果。其外形如图 3—13 所示。

（2）方形横流式冷却塔。方形横流式冷却塔采用两侧进风方式，靠顶部的风机，使空气经由塔两侧的填料与热水进行介质交换，再将湿热空气排向塔外。填料采用两面有凸点的点波片，通过安装头使点波片黏结成整体，以提高刚性。两面的凸点还可避免直接滴水，因此提高了水膜的形成能力。填料尾部设有收水措施。其外形如图 3—14 所示。

图 3—14　方形横流式冷却塔

相比于圆形逆流式冷却塔，方形横流式冷却塔水损失率更小，通风面积更大，冷却效果也更好。最大的一个好处是，其布水器是固定的，不像圆塔式的旋转布水器需要水流来推动。当水量减少时，方形横流式冷却塔的水流分布仍是均匀的，且水流流速会相对更慢一些，能取得更好的冷却塔降温效果，因而非常适用于冷却水泵采用变频调节的系统。

三、冷冻水系统和冷却水系统

1. 冷冻水系统

冷冻水系统包括冷冻水循环系统和热水循环系统。冷冻水循环系统工作过程为中央空调设备的冷冻水回水经集水器、除污器、循环水泵进入冷水机组蒸发器内，吸收了制冷剂蒸发的冷量，使其温度降低成为冷水，冷水进入分水器后再送入空调设备的表冷器或冷却盘管内，与被处理的空气进行热交换后，再回到冷水机组内进行循环再处理。热水循环系统的作用主要是提供冬季空调设备所需的热量，供其加热空气使用，热水循环系统需包含热源部分。冷冻水系统的种类根据不同的情况可分为不同的形式。最常见的中央空调冷冻水是闭式循环系统，其结构如图 3—15 所示。

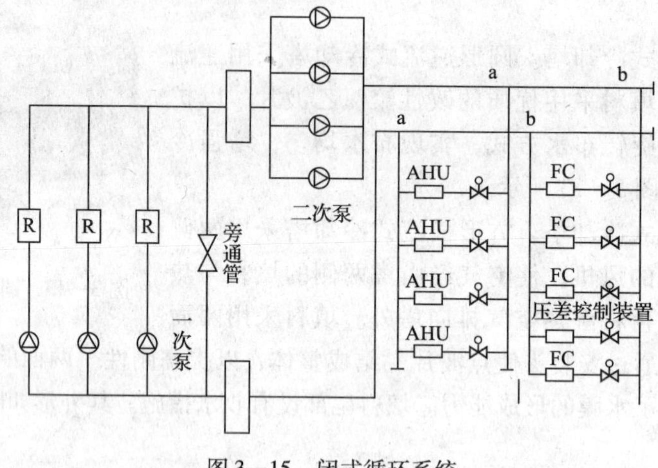

图 3—15　闭式循环系统

2. 冷却水系统

该系统由冷却泵、冷却水管道、冷却水塔及冷凝器等组成。冷冻水循环系统进行室内热交换的同时，必将带走室内大量的热能。该热能通过主机内的冷媒传递给冷却水，使冷却水温度升高。冷却泵将升温后的冷却水压入冷却水塔（出水），使之与大气进行热交换，降低温度后再送回主机冷凝器（回水）。冷却水系统结构图如图 3—16 所示。

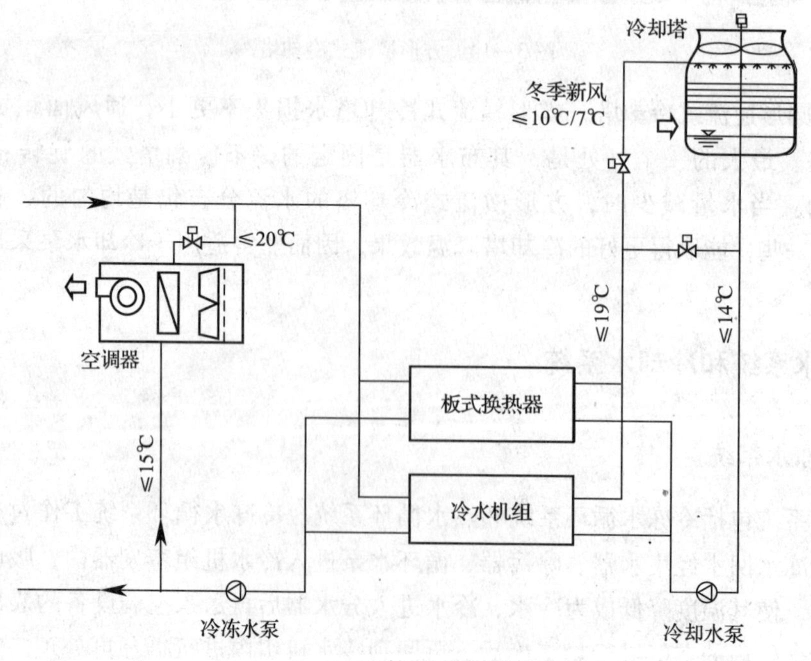

图 3—16　冷却水系统

其工作原理为：冷水流过需要降温的生产设备（常称换热设备，如换热器、冷凝器、反应器），使其降温，而冷水温度上升。冷却水系统分为直流冷却水系统和循环冷却水系统。如果冷水降温生产设备后即被排放，此时冷水只用一次，称为直流冷却水系统；升温冷水流过冷却设备使水温回降，用泵送回生产设备再次使用，称为循环冷却水系统。循环冷却水系统的冷水用量大大降低，可节约冷水 95% 以上。冷却水占工业用水量的 70% 左右，因此，循环冷却水系统能够节约大量工业用水。

知识巩固

1. 冷热源机房由哪几个部分组成？
2. 冷却塔一般主要由哪几部分组成？
3. 冷冻水系统和冷却水系统的基本原理是什么？

第五节　电梯系统

电梯是指依靠动力驱动，利用沿刚性导轨运行的箱体或者沿固定线路运行的梯级（踏步），进行升降或者平行运送人或货物的机电设备，包括载人（货）电梯、自动扶梯和自动人行道等，如图 3—17 所示。

图 3—17　电梯与自动扶梯系统

电梯结构可以分解为机械部分和电气部分，也可以按电梯的功能系统将其分解为曳引系统、导向系统、门系统、轿厢系统、重量平衡系统、电力拖动系统、电气控制系统、安全保护系统等。

一、电梯的主驱动系统

电梯的主要驱动系统不管是交流驱动系统还是直流驱动系统，主要都是由四个部分组成，如图 3—18 所示。

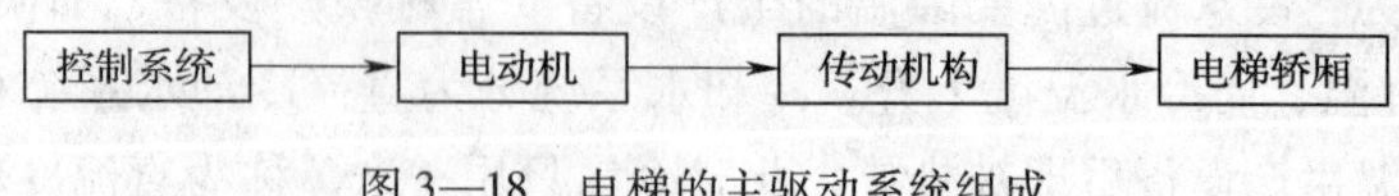

图 3—18 电梯的主驱动系统组成

其中，电梯轿厢是电梯主驱动控制的对象和目标；传动机构是电梯的机械传动装置；电动机是电梯主驱动的主要动力设备；控制系统是电梯主驱动系统的电气控制部分。电梯的主驱动系统对电梯的启动加速、稳速运行、制动减速起着控制作用。驱动系统的优劣直接影响电梯的启动和制动的加减速度、平均精度、乘坐舒适性等指标。目前用于电梯的主驱动系统主要有三种类型：交流变极调速系统、交流变压调速系统、变频变压调速系统。

二、电梯的电气自动控制系统

根据不同的用途，电梯可以有不同的载荷、不同的速度及不同的驱动与控制方式。即使是用途相同的电梯，也可采用不同的操纵控制方式。但电梯不论使用何种控制方式，总是按轿厢内指令和层站召唤信号的要求，向上或向下启动、运行、减速、制动、停站。因此电梯的控制主要是对电梯电动机及开门机的启动、减速、停止、运行方向的控制，以及对层站召唤、轿内指令、安全保护等指令信号进行管理。操纵是实行每个控制环节的方式和手段。

电梯的电气控制系统分为三大类：继电器－接触器控制系统、半导体逻辑控制系统、微机控制系统。

三、电梯的安全保护措施

电梯是垂直交通运输设备，运行速度高、行程长，因此安全可靠性至关重要，因此，各类电梯应具备以下安全保护措施或保护功能。

1. 供电系统断相、错相保护装置或保护功能。

2. 限速器－安全钳系统联动超速保护装置，限速器－安全钳动作电气保护装置及限速器绳断裂或松弛保护装置。

3. 撞底缓冲装置。

4. 超越上、下极限工作位置时的保护装置。

5. 层门与轿门的电气连锁装置应做到：

（1）电梯正常运行时应不可能打开层门，如果一个层门开着，电梯不能启动或继续运行。

（2）设有验证层门锁紧的电气安全装置、紧急开锁与层门的自动关闭装置。

（3）动力操纵的自动门在关闭运动期间，当有人穿越门口被撞击或即将被撞击时，应有一个自动使门重新开启的保护装置。

6. 紧急操作装置和停止保护装置，停电或电气系统发生故障时的轿厢慢速移动措施。

7. 轿顶应装设一个检修运行装置。如轿内、机房也设有检修运行装置，应确保轿顶优先。

其中机械安全保护装置有限速器、安全钳、缓冲器等。

四、自动扶梯和自动人行道

自动扶梯是指带有循环运动梯路，向上或向下倾斜输送乘客的固定电力驱动设备，如图 3—19 所示。自动人行道则是指带有循环运动走道，水平或倾斜输送乘客的固定电力驱动设备，如图 3—20 所示。

图 3—19　自动扶梯

图 3—20　自动人行道

1. 自动扶梯的主要分类

（1）按用途可以分为普通型和公共交通型。

（2）按规格大小可以分为轻型、中型和重型。

（3）按安装的位置可以分为室内型、室外无棚型和室外有棚型。

2. 主要特点

自动扶梯和自动人行道可根据需要用于人流大量集中的公共场所，如百货商场、车站、机场、码头等处。用自动扶梯和自动人行道输送乘客主要有以下优点。

（1）输送能力大，且与提升高度无关。

（2）运送客流量均匀，能连续地输送乘客。

（3）可以向上或向下运转。

（4）因停电而不能运行时，可临时作为普通扶梯使用。

（5）自动人行道能同时运送乘客与购物手推车。

（6）美观且具有现代感，既是运输工具又是建筑物的特殊装点。

自动扶梯和自动人行道同时也存在以下一些缺点。

（1）结构上有水平段，因此有附加能量损失。

（2）出于安全因素，自动扶梯和自动人行道的运行速度不允许很高。因此，对于自动扶梯或倾斜式自动人行道，当提升高度较大时乘客的乘运时间较长。

3. 构造

自动扶梯和自动人行道主要由金属结构架、驱动装置、梯级、梯路导轨系统、牵引构件、张紧装置、扶手装置、安全装置、润滑装置、电气设备组成。

（1）金属结构架。自动扶梯或自动人行道的金属结构架具有安装和支撑各个部件、承受各种载荷及连接两个不同楼层地面的作用。

（2）驱动装置。驱动装置的作用是将动力传递给梯路系统及扶手系统。一般由电动机、减速器、制动链条及驱动主轴等组成。

（3）梯级。梯级在自动扶梯系统中是一个很关键的部件，它是直接承载输送乘客的特殊结构的四轮小车。

（4）梯路导轨系统。梯路导轨系统的作用在于引导梯级或踏板按一定的线路运动，支撑由梯级或踏板传递来的梯路载荷，以及防止梯级或踏板跑偏等。梯路导轨系统包括主、辅轮的全部导轨、反轨、导轨支架和转向壁等。

（5）牵引构件。牵引构件是传递牵引力的构件。自动扶梯和自动人行道的牵引构件有牵引链条与牵引齿条两种。

（6）张紧装置。张紧装置可分为重锤式张紧装置和弹簧式张紧装置等。

（7）扶手装置。扶手装置是装在自动扶梯或自动人行道两侧的特种结构的带式输送机。扶手装置由扶手带、扶手带驱动系统、扶手带导轨和栏板等组成。

（8）安全装置。安全装置的主要作用是保护乘客，使其免受各种潜在危险的威胁；其次对设备本身具有保护作用，能把事故对设备的破坏降到最低。

（9）润滑装置。润滑装置主要用来润滑传动链条、梯级导向块等运动部件，从而取代传统的手工润滑。

（10）电气设备。自动扶梯或自动人行道的电气设备主要包括主电源箱、驱动电动机、电磁制动器、控制屏、操纵开关、照明电路、故障及状态指示器、安全开关、传感器、远程监控装置和报警装置等部分。

知识巩固

1. 电梯的基本概念是什么？电梯驱动系统的基本原理是什么？
2. 电梯的主驱动系统主要有哪三种类型？
3. 自动扶梯的概念和构造是什么？

第六节　建筑设备自动化系统

一、建筑设备自动化系统的基本概念

作为智能建筑的一个子系统，建筑设备自动化系统（Building Automation System，BAS）

是随着建筑物所含的设备越来越多而产生的。直至20世纪80年代初期，建筑物中的设备还是很简单的几种，如几部电梯、一个锅炉房、一个制冷站、一些空调机组、一个低位水池、一个高位水箱、两个水泵、一个变配电间就构成了建筑物的设备。由于当时的自动化技术主要集中在工业过程和电力系统的控制，所以建筑设备自动化并没有成为一个行业类别。随着自动化技术的进步和建筑物集中控制要求的提高，建筑设备自动化慢慢发展起来，时至今日，已经发展到广泛应用先进的自动化系统来控制整个建筑物设备运行的阶段。

20世纪80年代，随着微处理器技术的发展和成本的降低，控制器安装了CPU，成为智能仪器。目前计算机控制技术的代表就是DCS和FCS，它们都属于分布式计算机控制系统，也称为集散型控制系统。采用高级CPU的直接数字控制器DDC，可以独立完成所有控制工作，具有完善的控制、显示功能，同时可进行节能管理，可连接打印机和安装人机接口等。它们将信号上传给中央计算机，操作员只需在中央计算机上进行操作，就可以控制所有的设备。

以这种DDC控制器为基础构成的控制系统，完全能够满足建筑设备自动化的需求。因为建筑物不是工厂，不能接受大量管线在空间穿越，也不能接受设备维护人员不停地在楼层间走动。DDC控制器和中央计算机的通信只需要一根双绞线，或者借助综合布线系统的一条UTP网线，所以不占用空间。而其MBTF达到十万小时也确保了使用过程中的维护成本非常低廉。目前建筑物几乎都采用这种类型的集散控制系统来进行设备自动化控制。

这种控制系统由四级组成，分别是现场、分站、中央站和管理系统。集散控制系统的主要特点是：只有中央站和分站两类节点。中央站完成监视，分站完成控制，保证了系统的可靠性。DDC系统分站连接传感器、执行器的输入／输出模块，应用各种现场总线，形成分布式输入／输出现场网络层，从而使系统的配置更加灵活。由于LonWorks、CAN等总线技术的开放性，分站具有了一定程度的开放规模。建筑设备自动化系统控制网络普遍为三层结构，分别是管理网络层、控制网络层和现场网络层。

随着企业内联网（Intranet）的建立，建筑设备自动化系统广泛采用Web技术。Web技术目前在控制领域占据重要位置。中央站嵌入Web服务器，融合Web功能，以网页形式为工作模式，使BAS与内联网成为一体。集成系统从不同层次的需要出发，提供各种完善的开放技术，实现从现场层、自动化层到管理层的集成。Web集成系统完成了管理系统和控制系统的一体化。

由于建筑节能、集中设备管理等技术的广泛使用，有必要为建筑物的各类设备配置先进的自动化系统。建筑设备自动化系统要承担三个层次的任务。第一个层次是设备的自动化控制，提高设备的自动化程度；第二个层次是优化设备的运行，减少设备故障带来的经济损失，降低劳动力成本；第三个层次是降低建筑物能耗，节能减排，倡导绿色建筑。

二、建筑设备自动化系统的结构

简单的自动化系统由三个部分组成。这里以煮饭为例进行介绍。首先，煮饭是一个工艺流程，由煤气炉和锅等设备完成，在这些设备上实现将大米加水后煮熟成为米饭的过程。

要煮出符合人们饮食要求的米饭，煮饭者要对煮饭过程实施控制。在煮饭的过程中，由煮饭者的鼻子和耳朵来感知米饭的香气和锅中的声音，然后把这些信息传递给大脑。大脑将经验和刚刚传递来的香气情况和锅中的声音情况进行比对，判断煮饭过程是否应该结束。如果大脑觉得应该结束煮饭过程，就会命令手去关闭煤气阀。在这个过程中，可以提炼出控制系统的三个部分（见图 3—21）：测量机构、控制器、执行机构。

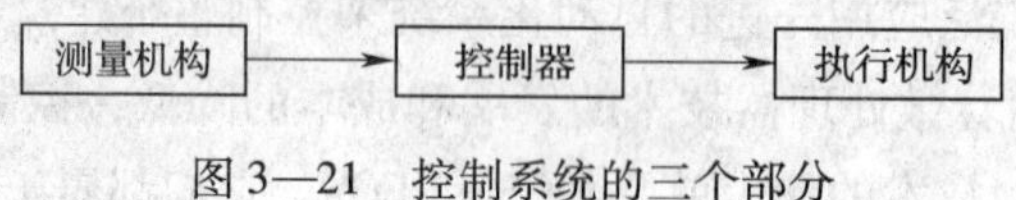

图 3—21　控制系统的三个部分

如图 3—22 所示的系统表示了一个控制系统的大致组成。DDC 控制器分布在建筑物的各个地点，控制本地设备的运行。设备上的传感器将信号接入 DDC 控制器的输入模块，DDC 的 CPU 模块将经过处理的信号发送给控制网络上其他节点设备。同时 DDC 控制器将控制信号输出给各个执行机构，完成调节。操作人员可以将指令发送到各个控制器。世界各地的访问者，得到授权后，可以通过互联网访问该控制网。一些设备供应商则通过这个网络提供远程的管理服务。

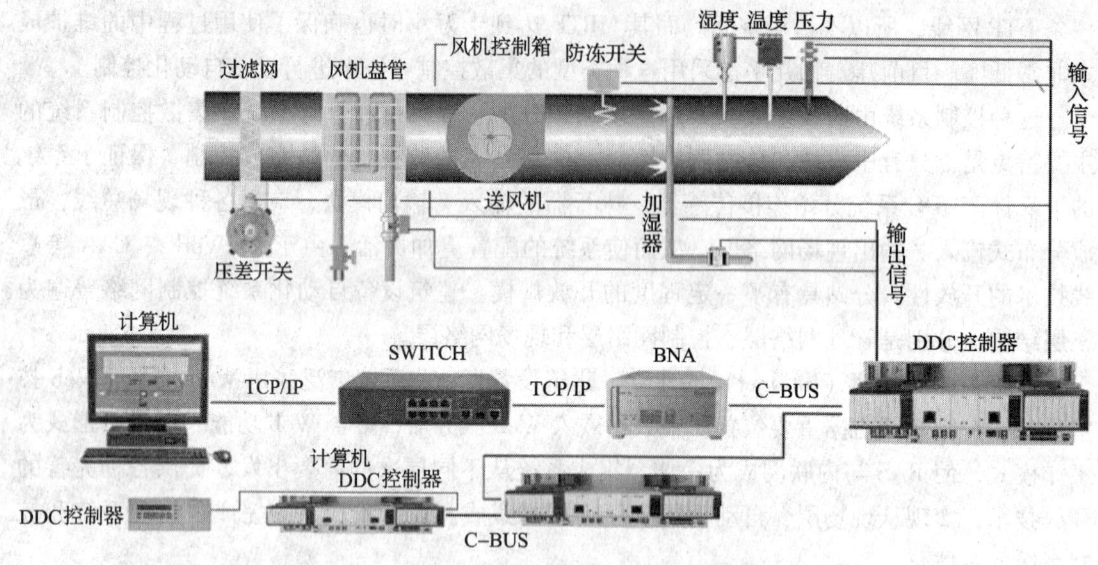

图 3—22　一个典型的控制系统的组成示意图

1. 测量机构

测量机构通常被称为传感器或者测量变送器。传感器的作用就是把一些非标准电信号物理量转换为电信号，如压力、流量、成分、温度、pH 值、电流、电压和功率等。使用一些特殊的物质和器件可以完成这个功能，如压力的测量常利用压敏或者变电容原理：把液体或者气体的压力用导管引入到测压室内。随着压力的变化，测压室中间的不锈钢薄壁被挤压变形，使得两个金属室壁之间的电容发生变化。测量电容的变化，可以采用很多手段，

如震荡电路的频率变化、全臂电桥的输出电压变化从而建立一个与电容变化相关联的变化量（见图3—23）。通过测量的变化量的值，即可计算出压强的变化情况。

压力变化 → 电容变化 → 电压变化

图3—23　传感器测量原理

随着技术的进步，现在的测量技术又加进了总线技术。比如一个成本几十元的单片机，加上一些元器件，即可感应一个房间的温湿度值，然后通过两条通信线，以RS485总线方式传给上级计算机系统，或者通过传统的方式把0～10 mA的信号传给控制器，即可得到该房间的温湿度情况。如果采用RS485的总线方式，那么两条通信线上可以串联几十个这样的智能传感器。这样一个温湿度总线测量智能传感器，成本只要几十元，这就是技术进步带来的测量技术的变化。如图3—24所示是一些智能传感器。

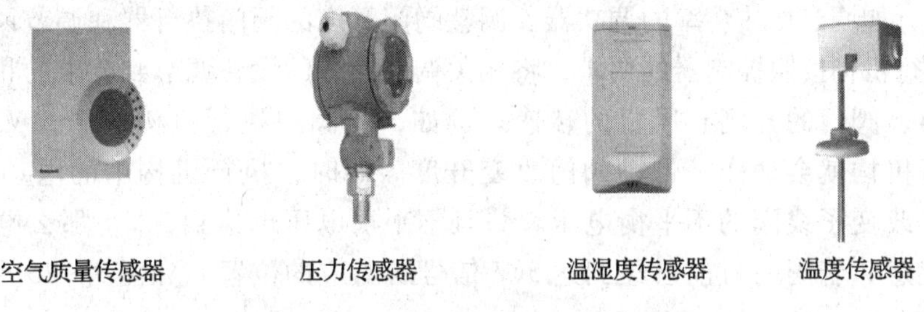

图3—24　智能传感器

2. 控制器

控制领域早期用动圈仪表来实现信号的记录和显示功能；用结构非常复杂的设备来实现信号的开方、乘除法和加减法等运算；而PID控制器，也就是单回路调节器，结构更加复杂。

20世纪80年代中期出现了集成电路在控制仪器上的应用，如20世纪80年代末出现了风行一时的STD工控机和智能仪表。STD工控机就是一种对计算机进行适应工业现场的技术改造后的产物。它的核心技术是小尺寸主板、金手指连接、光电隔离和抗干扰技术等，并且借鉴了PLC技术。

20世纪80年代，国外的DCS开始全面占有中国市场。DCS基本上由操作员站、控制站和工程师站构成。整个系统按照区域由一些DCS控制柜来控制。控制和显示不再是相互独立的，而是使用一种专门的控制软件来实现的。数据记录在计算机的存储单元中，显示通过CRT来实现。DCS的优点是控制系统规模大、性能可靠、故障危害可控、自动化程度高、通信速率高等。

同时期的另外一种自动化控制解决方案也很流行，就是可编程序控制器（PLC）。这类设备的特点是：具有极强的环境适应性和逻辑控制功能，还有非常方便的编程方法。它能适应潮湿、尘埃、振动和电磁干扰等恶劣环境，价格也不高，并具有良好的性能。而且，它的使用范围越来越广泛，大型工程和中小型工程都有合适的产品可以选用。随着技术的发展，曾经是 PLC 缺陷的模拟量控制问题也早已不存在。目前，PLC 已经成为一种功能强大的通用控制设备，几乎进入了所有的自动化控制领域。

20 世纪末出现了 FCS（现场总线控制系统）的应用。这个技术的出现，完全改变了 DCS 笨重大柜子的传统形象。各种信号输入、输出已经无须大量导线，取代 DCS 大柜子的是不到 1kg 的 DDC 控制器（下面将详细介绍），这些控制器可以很方便地安装到最接近被控设备的地方。而传感器和执行机构也可以用简单的总线连接在一起。在软件构成上，二次开发平台也越来越人性化，图形化开发已经成为主流。

3. 执行机构

控制系统接受了传感器的信号后，使用强大的运算功能对数据进行处理，最后需要对调节系统发出指令，对被控参数进行调节，执行这个调节任务的就是执行机构。执行机构的种类繁多，如调节加热功率的调功器、调整阀门开度的阀门执行器和调节风机转速的变频器等。执行机构按照控制器的要求，将相关调节通道的设备调节到要求的状态，如晶闸管的导通角、阀门的开度、风机的转速。例如，给阀门执行机构一个 5 V 的信号，那么阀门执行机构就会动作，带动阀门改变开度。同时，执行机构中的电动机铁心也被同步带动，改变了线圈的不平衡电压。一旦不平衡电压也达到 5 V，那么电动机就停止动作，也就意味着阀门目前已经到达 5 V 信号所对应的位置。如图 3—25 所示是一些执行机构。

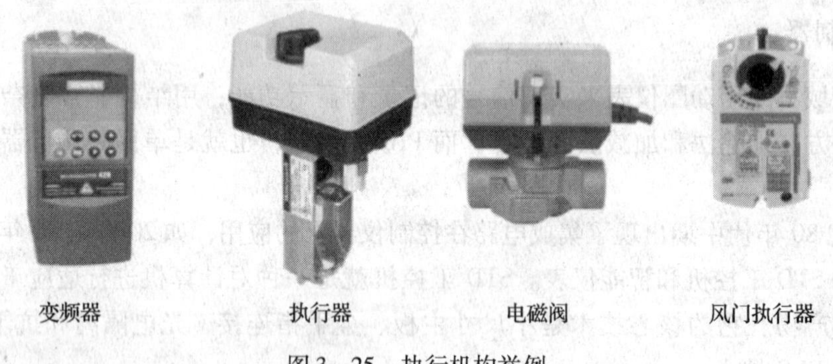

图 3—25　执行机构举例

三、DDC 控制器

DDC（直接数字控制）代替了传统控制组件，如温度开关、接收控制器或其他电子机械组件等，成为各种建筑环境控制的通用模式。DDC 系统是利用微信号处理器来实现各种逻辑控制功能的，它主要采用电子驱动方式，但也可用传感器连接气动机构。

1. DDC 控制器的工作原理

所有的控制逻辑均由微信号处理器完成，这些控制器接收传感器、常用触点或其他仪器传送来的输入信号，并根据软件程序处理这些信号，再将信号输出到外部设备。这些信号可用于启动或关闭机器，打开或关闭阀门或风门，或按程序执行复杂的动作。

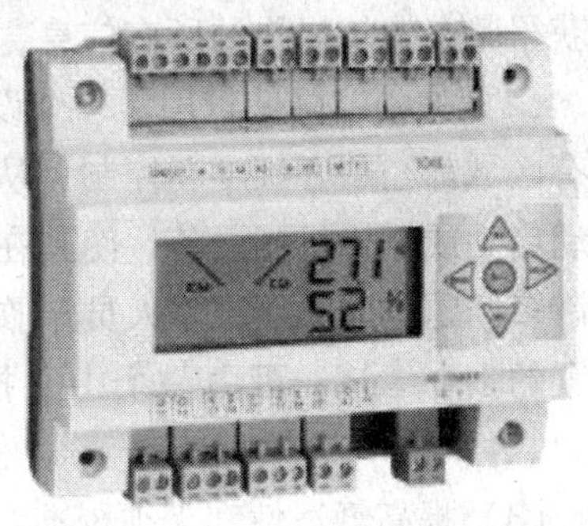

图 3—26　DDC 控制器

DDC 控制器是整个控制系统的核心，它的工作过程是：控制器通过模拟量输入通道（AI）和数字量输入通道（DI）采集实时数据，并将模拟量信号转变成计算机可接受的数字信号（A/D 转换），然后按照一定的控制规律进行运算，最后发出控制信号，并将数字量信号转变成模拟量信号（D/A 转换），并通过模拟量输出通道（AO）和数字量输出通道（DO）直接控制设备的运行。DDC 控制器外形如图 3—26 所示。

2. DDC 控制器的软件及其主要功能

DDC 控制器的软件通常包括基础软件、自检软件和应用软件三大块。其中基础软件是作为固定程序固化在模块中的通用软件，通常由 DDC 生产厂家直接写在微处理芯片上，不需要也不可能由其他人员进行修改。各个厂家的基础软件基本上是没有多少差别的。自检软件能够保证 DDC 控制器的正常运行，检测其运行故障，同时也可便于管理人员维修。应用软件是针对各个设备的控制内容而编写的，因此这部分软件可根据管理人员的需要进行一定程度的修改。它通常包括以下几个主要功能。

（1）控制和实时功能。主要提供 P、PI、PID 控制功能，有些应用软件还具备自适应控制功能，可对各个设备的控制参数以及运行状态进行再设定，同时还具备显示和监测功能。另外，还可与集中控制计算机进行各种相关的通信。

（2）报警与连锁功能。在接到报警信号后可根据已设置程序连锁有关设备的启停，同时向集中控制计算机发出报警信号。

（3）能量管理控制功能。主要包括运行控制、能耗记录和焓值控制的功能。

3. DDC 终端系统

终端系统是机械系统中用于服务一个单独区域的部分，DDC 终端系统是 DDC 的应用系统，是控制工业应用于商业建筑的新发展，它可提供整个建筑系统的运行情况。

DDC 的控制水平主要取决于机器设备的形式，如 VAV 终端，其操作系统可设置是否需加热或降温的气流温度设定点，并可根据气流流量设置最大最小流量值，还可设定工作时间表、假日时间表、允许忽略时间等。

4. DDC 系统的主要优点

（1）操作系统功能强大。DDC 系统是建筑物管理的有力工具，它的操作系统可以方便地管理一个或多个岗位，并及时按客户要求或程序要求做出反应。DDC 系统允许控制器在操作时间内同时具有其他功能，这一点是区别于传统控制系统的。DDC 系统可凭借单个终端获得整个建筑操作的所有信息，这就使它具有很强的故障诊断能力。

（2）大幅度降低费用。一个设计良好的 DDC 系统可在能源和人力方面降低费用。由于所有区域都经中心调度和控制，从而可通过能量的转移而使之不会被浪费。而且，系统可自动启动或停止机械设备，使其在不必要时停止运转。它还可通过操作终端自动诊断和处理许多问题，而无须维修人员亲临现场，从而省去许多费用，降低了维修成本。处于不同位置的多个建筑，可由一个中心控制室统一管理和监控，而不必单独控制，从而节省了人力。

（3）提高舒适性和无须校准。由于 DDC 系统比传统系统具有更高的精确度，温度可保持在更接近于设定值的水平，因此改善居住环境。多数 DDC 系统无须校准，可减少维修保养费用，并长期保持精度，而传统系统校准后精度就开始降低。

（4）改善控制方式。DDC 系统允许使用更复杂的控制方式完成整栋大楼的基本管理，这样可减少执行费用并改善居住的舒适性。DDC 系统可根据建筑各部分的实际制冷量调节冰水（寒水）机组的供冷量，以达到冷却水温要求又不致过冷。当建筑冷量需求变化时，DDC 系统还可随之调整冰水（寒水）机组。

知识巩固

1. 一个简单控制系统由哪几个部分组成？
2. 什么是 DDC？它的基本原理是什么？
3. DDC 系统的主要优点有哪些？

思考与练习

1. 空调与通风系统由哪几部分组成？
2. 冷水机组主要可分为哪几大类？
3. 变压器的主要构造是什么？
4. 一般用电设备按照负荷重要性分为哪三大类？
5. 一个基本的照明系统由几个部分组成？
6. 一般建筑内部给水系统由哪几个部分组成？
7. 常用的冷却塔一般有几种形式？
8. 电梯的驱动系统主要由哪几部分组成？
9. 电梯的电气控制系统可以分为哪三大类？
10. DDC 控制系统的主要功能有哪些？

第四章　火灾自动报警及消防联动系统

本章提示

本单元主要介绍智能楼宇火灾自动报警及消防联动系统常用的基本设备、基本组成及设备安装方式。同时介绍了火灾自动报警及消防联动系统的系统图及简单的系统调试方式。

随着科学技术的发展和进步，火灾探测与自动报警技术、消防设备联动控制技术、消防通信调度指挥系统、火灾监控系统和消防控制中心等取得了突飞猛进的发展，逐步形成了以火灾探测与自动报警为基础，由计算机协调控制和管理各类消防灭火、防火设备，具有一定自动化和智能化水平的火灾监控系统，即智能消防系统（FAS）。

第一节　火灾自动报警及消防联动系统常用设备和材料

一个完整的消防报警体系基本上可划分为火灾自动报警系统、灭火联动系统及避难诱导系统。火灾自动报警及消防联动控制系统在发生火灾的两个阶段发挥着重要的作用。

第一阶段（报警阶段）：火灾初期，往往伴随着烟雾、高温等现象，系统可通过安装在现场的火灾探测器、手动报警按钮，以自动或人工方式向监控中心传递火警信息，达到及早发现火情、通报火灾的目的。

第二阶段（灭火阶段）：系统可通过控制器及现场接口模块，控制建筑物内的公共设备（如广播、电梯）和专用灭火设备（如排烟机、消防泵）有效实施救人、灭火活动，达到减少损失的目的。

一、火灾探测器

火灾探测器是用来探测附近区域由火灾产生的物理和化学现象的器件。火灾探测器种类很多，其原理是把烟雾浓度、温度、光亮度等物理量转变为电信号，再通过导线传给控制机构进行分析和下一步动作。

1．智能光电感烟探测器

智能光电感烟探测器采用红外线散射的原理探测火灾。在无烟状态下，探测器只接收很弱的红外光；当有烟尘进入时，由于烟尘颗粒的散射作用，使探测器接收的光信号增强；当烟尘达到一定浓度时，探测器便输出报警信号。为了减少干扰及降低功耗，发射电路采用脉冲方式工作，此方式还可提高发射管的使用寿命。该探测器占一个节点地址，采用电子编码方式，通过编码器读/写地址。JTY－GD－G3 智能光电感烟探测器外形及尺寸图如图4—1 和图 4—2 所示。

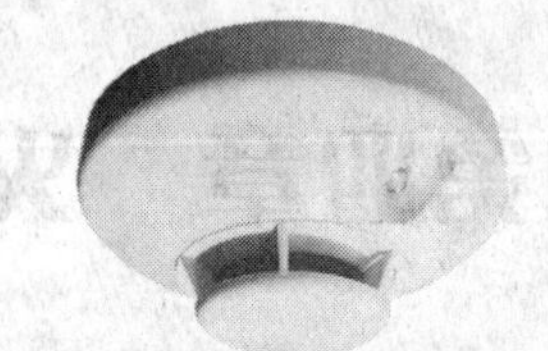

图 4—1　JTY－GD－G3 智能光电感烟探测器

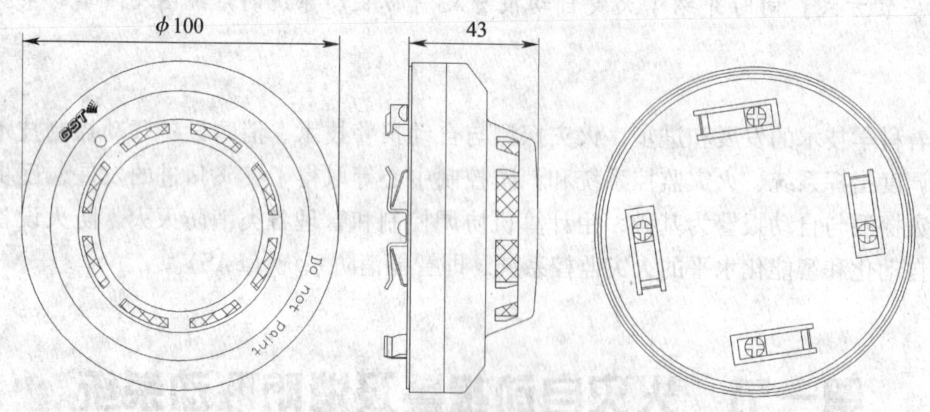

图 4—2　智能光电感烟探测器外形尺寸示意图

2. 智能电子差定温感温探测器

智能电子差定温感温探测器采用热敏电阻作为传感器，传感器输出的电信号经变换后输入到单片机，单片机利用智能算法进行信号处理。当单片机检测到火情信号后，向控制器发出火灾报警信息，并通过控制器点亮火警指示灯。JTW－ZCD－G3N 智能电子差定温感温探测器外形如图 4—3 所示。

图 4—3　JTW－ZCD－G3N 智能电子差定温感温探测器

二、各类接口和模块

1. 手动报警按钮

消火栓按钮安装在公共场所，当人工确认发生火灾后，按下此按钮，即可向火灾报警控制器发出报警信号，火灾报警控制器接收到报警信号，将显示出与按钮相连的防爆消火栓接口的编号，并发出报警声响。J－SAM－GST9123 手动火灾报警按钮外形如图 4—4 所示。

手动火灾报警按钮应设置在明显和便于操作的部位。当安装在墙上时其底边距地面高度宜为 1.3～1.5 m，且应有明显的标志。

2. 声光报警器

火灾声光报警器是一种安装在现场的声光报警设备，当现场发生火灾并被确认后，可由消防控制中心的火灾报警控制器启动，也可通过安装在现场的手动报警按钮直接启动。启动后报警器发出强烈的声光警号，以达到提醒现场人员注意的目的。HX－100B火灾声光报警器外形如图4—5所示。

图4—4 J－SAM－GST9123手动火灾报警按钮

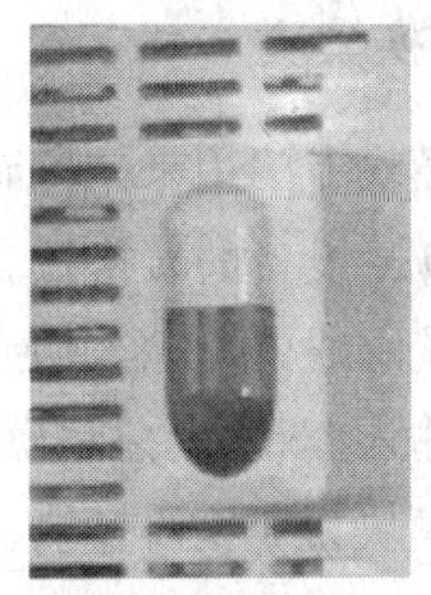

图4—5 HX－100B火灾声光报警器

3. 总线隔离器

总线隔离器用于隔离总线上发生短路的部分，以保证总线上其他设备能够正常工作。待故障修复后，总线隔离器会自行将被隔离的部分重新纳入系统。此外，使用隔离器还便于确定总线发生短路的位置。LD－8313总线隔离器外形如图4—6所示。

图4—6 LD－8313总线隔离器

总线隔离器的工作原理是当它的输出所连接的电路发生短路故障时，隔离器内部电路中的自复熔丝断开，同时内部电路中的继电器吸合，从而将隔离器输出所连接的电路完全断开。总线短路故障被修复后，继电器释放，自复熔丝恢复导通，隔离器输出所连接的电路重新被纳入系统。

4. 智能监视模块

智能监视模块（单输出模块）是一种输入设备。通过此模块，可将现场各种主动型设备，如水流指示器、消火栓开关、压力开关、信号阀等消防开关设备接入到消防控制系统的总线上，这些设备动作后，输出的动作开关信号可由模块送入控制器，产生报警，并可通过控制器来联动其他相关设备动作。每个监视模块占用一个地址。模块可采用电子编码器来完成编码设置。当模块本身出现故障时，控制器将产生报警并可将故障模块的相关信息显示出来。

5. 控制模块

控制模块通过一对常开或常闭节点输出控制信号，用来对被控制的设备进行“启动”“停止”操作，如对各种水泵、风机、防火卷帘门、防排烟阀门等进行操作。每个控制模块占用一个地址，用于联动控制各种现场消防设备，并可对现场消防设备的状态进行监测。控制模块有单输入单输出、双输入双输出、多设备驱动等不同类型以满足不同控制联动系统的要求。

6. 切换模块

切换模块专门用来与控制模块配合使用，实现对现场大电流（直流）启动设备的控制及交流 220 V 设备的转换控制，以防止由于使用控制模块直接控制设备造成将交流电源引入控制系统总线的危险。切换模块的种类有配合单输入/单输出模块的，也有双动作切换模块配合双输入/双输出控制模块的。

切换模块为非编码模块，不可直接与控制器总线连接，只能由控制模块控制。

三、火灾报警楼层复示盘

火灾报警楼层复示盘可以将各楼层探测器的确切报警位置反映出来。它被安装在楼层或独立防火区内，通过总线和火灾报警控制器相连，能够处理并显示控制器传送过来的数据。当建筑物发生火灾后，消防控制中心的火灾控制器产生报警，同时把报警信号传输到失火区域的复示盘上，复示盘将产生报警的探测器编号及相关信息显示出来，同时发出声光报警信号，以通知失火区域的人员。复示盘设有 8 位报警信息显示窗，可将报警探测器的编号显示出来，满足大范围显示要求。当用一台报警控制器同时监控数个楼层或防火分区时，可在每个楼层或防火分区设置复示盘以取代区域报警控制器。

四、火灾报警联动控制器

JB－QB－GST200（以下简称为 GST200）火灾报警控制器（联动型）是海湾公司推出的新一代火灾报警控制器。为适应工程设计的需要，本控制器兼有联动控制功能，它可与海湾公司的其他产品配套使用组成配置灵活的报警联动一体化控制系统，因而具有较高的性价比，特别适用于中小型火灾报警及消防联动一体化控制系统。GST200 火灾报警控制器具有以下几方面的特点。

1. 配置灵活、可靠性高

本控制器是采用双微处理器并行处理数据的系列产品，包括 16 点、32 点、64 点、96 点、128 点、192 点、242 点火灾报警控制器以及火灾报警联动型等 14 种控制器，能满足小型工程的不同需要。不论对联动类还是报警类总线设备，控制器都设有不掉电备份功能，以保证系统调试完成后所注册到的设备全部受到监控。

2. 功能强大、控制方式灵活

本控制器为一个完全开放的系统,通过扩展接口连接数字化网络系统，能完成控制器网络通信的要求。同时，本控制器可挂接防盗模块，并设有自动防盗功能，可自动定时开启和关闭防盗模块。

3. 智能化操作、简单方便

本控制器具有智能化操作的特点,即在特定的信息屏幕下，可通过快捷键来实现对外部设备的相关操作，而不需要输入设备的二次编码，从而大大简化了操作过程，提供了良好的人机界面。

4. 窗口化、汉字菜单式显示界面

本控制器采用窗口化菜单式命令,增加了每屏中所包含的信息量，当有多种类型的信息存在时，通过“◁”“▷”键操作，可以方便地看到各种全面、细致的显示信息，汉字菜单使显示信息明白易懂、方便直观。通过简单的操作（选择数字或移动光条）就可实现系统所提供的多种功能。

5. 全面的自检功能

本控制器开机自检时，不仅能自动检测本机设备（指示灯、功能键等)，而且还能逐条检测外部设备的注册信息及联动公式信息，如信息发生变化，系统将做相应的处理。

6. 智能化手动消防启动盘

本控制器配接的智能化手动消防启动盘，操作方便、可靠性高。手动消防启动盘上的每一个启/停键均可通过定义与系统所连接的任意一个总线设备关联，完成对该总线制联动设备的启/停控制，从而解决了报警联动一体化系统的工程布线、设备配置及安装调试存在的固有问题。

7. 独立的气体喷洒控制密码和联动公式编程

本控制器对具有特殊意义的气体喷洒设备提供了独立的控制密码和联动编程空间，并有相应的声光指示，使气体喷洒设备受到了更严格的监控。

8. 配接汉字式火灾显示盘

本控制器可配接汉字式火灾显示盘，汉字信息无须下载，方便可靠，并可以通过对火灾显示盘的设备定义，灵活地实现火灾显示盘的分楼区及分楼层显示功能。

9. 开关电源

本控制器的供电电源为低压开关电源，对主、备电均做稳压处理，保证低压时系统仍

能正常工作。充电部分采用开关恒流定压充电，保证交流最低电压达 187 V 时，仍能使电池快速充电。本控制器具有备电保护功能。备电供电时，如备电电压低于 10 V，系统将自动切断备电。

10. GST200 火灾报警控制器操作方式及安装要求

GST200 火灾报警控制器外形及尺寸如图 4—7 所示。其操作方式及安装要求说明如下。

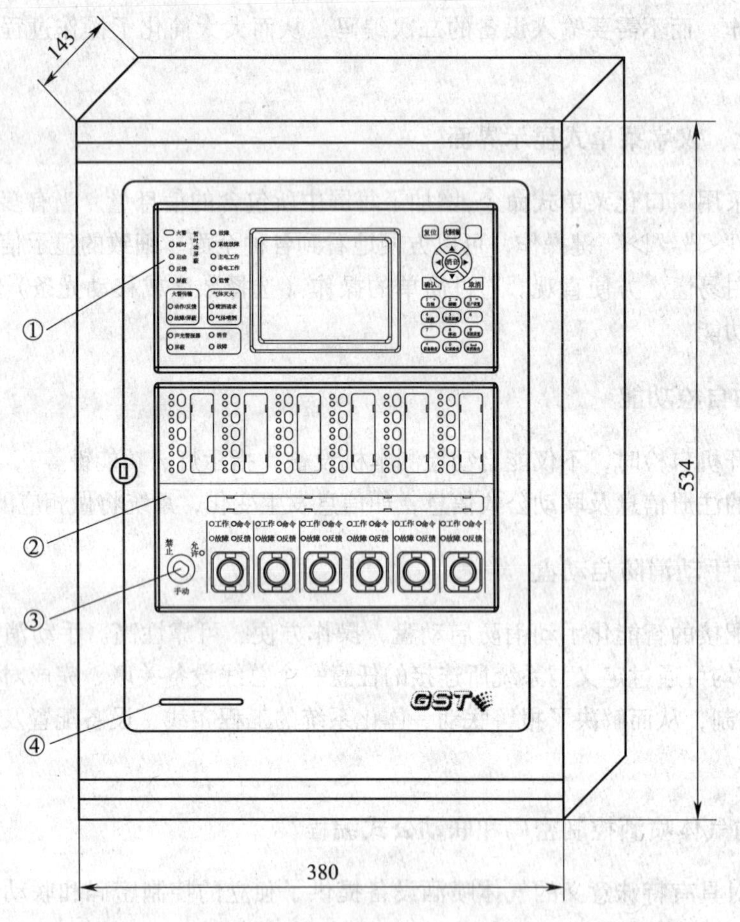

图 4—7　GST200 火灾报警控制器

①显示操作盘　②智能手动操作盘　　③多线制锁　④打印机

（1）显示操作盘面板说明。GST200 火灾报警控制器（联动型）显示操作盘面板由指示灯区、液晶显示屏及按键区三部分组成，如图 4—8 所示。

（2）智能手动操作盘面板。智能手动操作盘面板由手动盘和多线制控制盘构成，如图 4—9 所示。

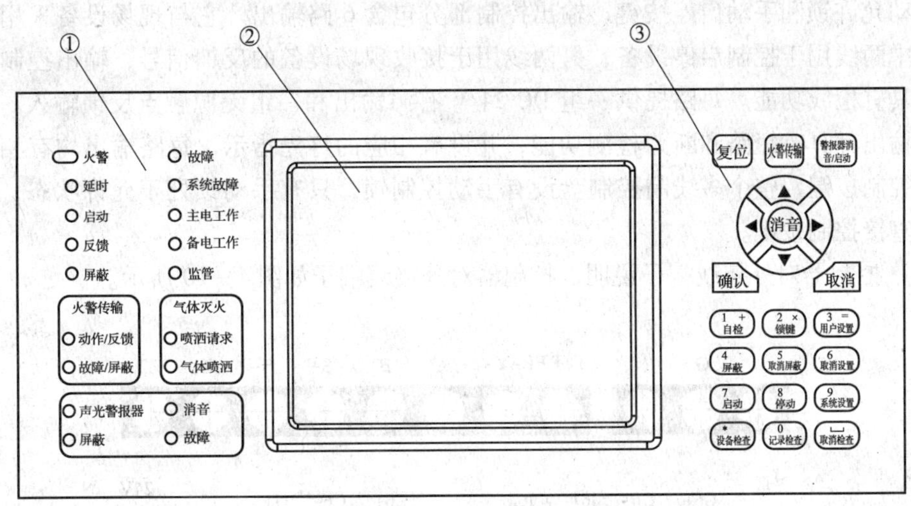

图 4—8　显示操作盘面板
①指示灯区　②液晶显示屏　③按键区

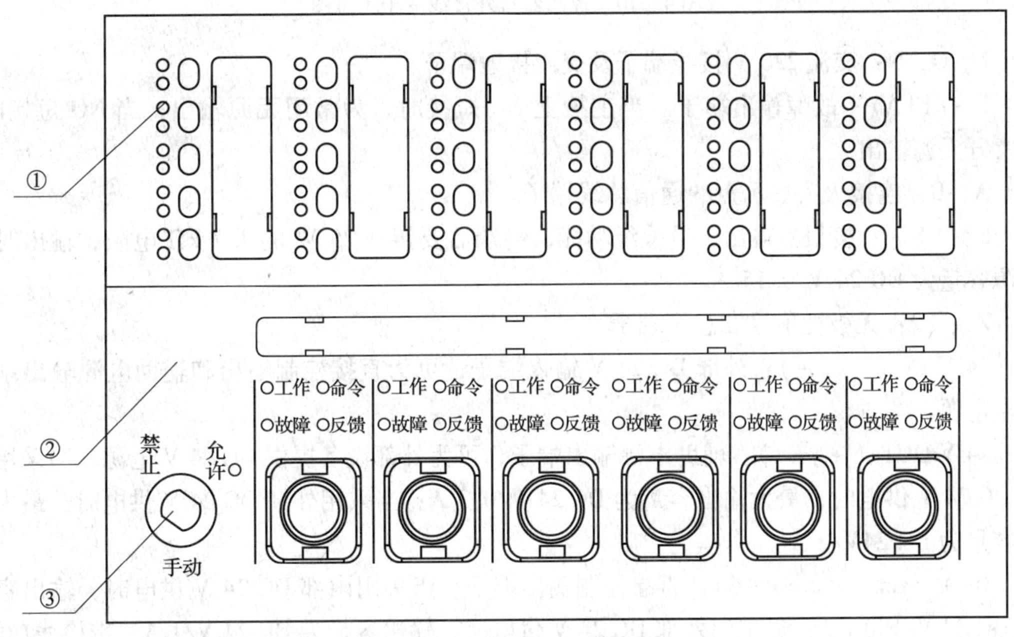

图 4—9　智能手动操作盘面板
①手动盘　②多线制控制盘　③多线制锁

手动盘的每一单元均有一个按键、两只指示灯（启动灯在上，反馈灯在下，均为红色）和一个标签。其中，按键为启/停控制键，如按下某一单元的控制键，则该单元的启动灯亮，并有控制命令发出，如被控设备响应，则反馈灯亮。用户可将各按键所对应的设备名称书写在设备标签上面，与膜片一同固定在手动盘上。

多线制控制盘采用模块化结构，由手动操作部分和输出控制部分构成；手动操作部分包含手动允许锁和手动启停按键，输出控制部分包含6路输出。它与现场设备采用四线连接，其中两线用于控制启停设备，另两线用于接收现场设备的反馈信号，输出控制和反馈输入均具有检线功能。每路提供一组 DC 24 V 有源输出和一组无源触点反馈输入。控制盘的每路输出都具有短路和断路检测功能，并设有相应的灯光指示。每路输出均有相应的手动直接控制按键，整个多线制控制盘设有手动控制锁，只有手动锁处于允许状态，才能使用手动直接控制按键。

（3）控制器对外接线端子说明。控制器对外接线端子如图4—10所示。

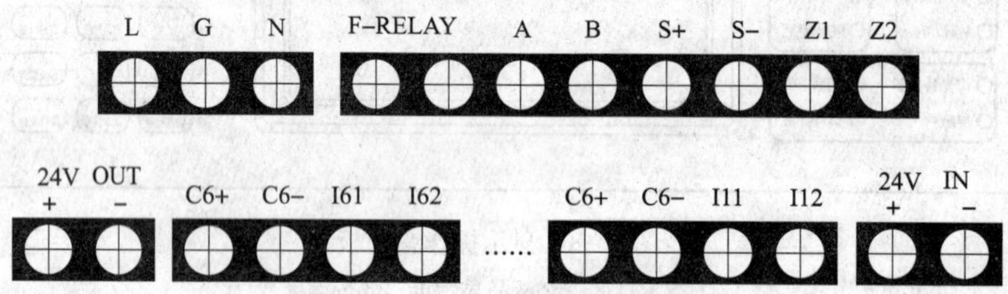

图4—10 控制器对外接线端子示意图

L、G、N：交流220 V接线端子及交流接地端子。

F－RELAY：故障输出端子。当主板上NC短接时，为常闭无源输出；当NO短接时，为常开无源输出。

A、B：连接火灾显示盘的通信总线端子。

S＋、S－：警报器输出，带检线功能，终端需要接0.25 W的4.7 kΩ电阻，输出时的电源容量为DC 24 V/0.15 A。

Z1、Z2：无极性信号二总线端子。

24 V IN（＋、－）：外部DC 24 V输入端子，可为直接控制输出和辅助电源输出系统提供电源。

24 V OUT（＋、－）：辅助电源输出端子，可为外部设备提供DC 24 V电源。当采用内部DC 24 V供电时，最大输出容量为DC 24 V/0.3 A；当采用外部DC 24 V供电时，最大输出容量为DC 24V/2 A。

Cn＋、Cn－（$n=1\sim6$）：直接控制输出端子。当采用内部DC 24 V供电时，输出容量为DC 24 V/100 mA；当采用外部DC 24 V供电时，输出容量为DC 24 V/1 A。带检线功能，需接0.25 W的4.7 kΩ终端电阻。

In1、In2（$n=1\sim6$）：无源反馈输入端子。带检线功能，需接0.25 W的4.7 kΩ终端电阻。

（4）安装要求。火灾报警控制器应安置在管理中心左侧墙壁上。GST200火灾报警控制器安装效果图如图4—11所示。

图 4—11　GST200 火灾报警控制器安装效果图

知识巩固

1. 火灾自动报警系统中的一些基本设备有哪些?
2. 火灾报警联动控制器的基本构造以及它的基本功能如何?

第二节　火灾自动报警及消防联动控制系统的结构和原理

火灾自动报警及消防联动控制系统施工图是用国家规定的标准图例符号，按工作原理及现场实际情况绘制而成的施工图样，能够以平面图和系统图的形式反映出现存的实际情况。要读懂施工图样，首先应对火灾自动报警及消防联动控制系统的基本原理有所了解。

一、火灾自动报警及消防联动控制系统的组成

1. 火灾自动报警系统的组成

(1) 现场由感烟探测器、感温探测器、紫外火焰探测器、手动报警按钮及火灾显示盘、声光报警器等组成；监控室由火灾报警控制器、CRT 图形显示系统组成。

（2）火灾初期，探测器对火灾信号及时响应，自动产生火灾报警信号。手动报警按钮通常安装在楼梯口、走廊等位置。当现场人员发现火情时，通过按下附近的手动报警按钮，可以人为方式产生报警信号。

（3）火灾显示盘通常安装在电梯前室或服务台处，当火灾报警控制器接收到火警信号后，及时把火警信号传送到失火区域的火灾显示盘上，火灾显示盘处将显示报警的探测器编号及汉字等信息，同时发出“火警”声信号，以通知失火区域的人员。

（4）火灾报警控制器可实时监视探测器、手动报警按钮等现场设备的工作状态，接收、显示和传递火灾报警信号，必要时可发出控制指令。

（5）在火灾自动报警系统中用于发出区别于环境声、光的火灾报警信号的警报器件统称为火灾报警装置。如声光报警器、警笛、警铃等，它们以声、光等方式向报警区域发出警报信号，以警示人们尽快疏散并采取灭火扑救措施。

（6）在火灾报警系统中，当接收到火灾报警器件的火灾报警信号后能自动或手动启动相关消防设备并显示其运行状态的设备，称为消防联动控制设备。

2. 消防联动控制系统

（1）消防联动控制系统的功能

1）控制及监视专用灭火设备，如消火栓系统、自动水喷淋系统及防排烟系统等。

2）控制及监视各类公共设备，如空调系统、电梯及照明系统等。

3）指挥疏散系统，如火警电话及消防广播控制设备等。

（2）消防联动系统的组成

1）消火栓系统。

2）自动喷水灭火系统。

3）气体灭火系统。

4）防排烟系统。

5）防火卷帘门系统。

6）消防通信系统。

7）消防广播系统。

3. 电源

火灾自动报警系统中的电源是消防电源，其主电源一般采用消防双电源切换箱，备用电源采用蓄电池，而且主、备电源应能自动切换。消防电源除为火灾报警控制器供电以外，还为与系统相关的消防控制设备等供电。

二、火灾自动报警系统的类型

火灾自动报警系统分区域报警系统、集中报警系统和控制中心报警系统三种类型。其中控制中心报警系统是智能建筑最常用的火灾自动报警系统类型。

1. 区域报警系统

区域报警系统由区域火灾报警控制器和火灾探测器组成，也可设置消防联动控制设备。这是一种功能简单的火灾自动报警系统，适用于二级保护对象。

2. 集中报警系统

集中报警系统由集中火灾报警控制器、区域火灾报警控制器、区域显示器和火灾探测器等组成，是功能较复杂的火灾自动报警系统，适用于一级和二级保护对象。

3. 控制中心报警系统

控制中心报警系统是由消防控制室的消防控制设备、集中火灾报警控制器、区域火灾报警控制器和火灾探测器等组成，或由消防控制室的消防控制设备、火灾报警控制器、区域显示器和火灾探测器等组成的一种功能复杂的火灾自动报警系统，适用于特级和一级保护对象。

三、火灾自动报警控制系统的工作原理

火灾自动报警控制系统的工作原理为：当火灾发生时，现场探测器将首先启动，给各所在区域的报警显示器及消防控制室的系统主机发出报警信号。当值班人员发现后，用手动报警器或消防专用电话报警。

主机在收到报警信号后，首先将进行火情确认。当确定火情后，系统主机将根据火情及时发出一系列预定的动作指令，如开启着火层及上下关联层的消防广播，通知人员尽快疏散；打开着火层及上下关联层的电梯前室和楼梯前室的正压送风系统及走廊内的排烟系统；在开启防排烟系统的同时，停止空调机的运行；启动消防泵、喷淋泵；开启应急照明灯；迫降电梯至底层，停止普通电梯运行，将消防电梯投入紧急运行。

四、消防联动控制系统

消防设施的联动控制是指在确认火灾后，对消防设施所进行的控制。消防联动的控制对象有灭火设施、防排烟设施、防火门、防火卷帘、电梯、火灾报警装置、应急照明灯、疏散指示标志及非消防电源的断电等。

1. 自动喷水灭火系统

（1）系统组成及原理。自动喷水灭火系统是在火灾情况下，能自动启动喷头洒水，以保障人身和财产安全的一种控火、灭火系统，是目前世界上使用最广泛的固定式灭火系统，特别适用于高层建筑等火灾危害性较大的建筑物中。该系统具备其他系统无法比拟的优点：安全可靠、经济实用、灭火控火率高。其主要包括湿式、干式、干湿交替式、预作用式和

雨淋式自动喷水灭火系统。喷淋系统主要包括水流指示器、压力开关、喷淋泵、稳压泵等。自动喷水灭火系统的工作流程如下。

1）高温使喷头热敏元件动作。

2）水流指示器动作，信号传入报警控制器。

3）湿式报警阀动作，压力水通过延迟器使水力警铃及压力开关动作。

4）根据压力开关及水流指示器动作信号或消防水箱的水位信号，控制器自动启动消防水泵向管网加压供水，保证持续自动喷水灭火。

5）联动控制系统需要控制喷淋泵的启动和停止，监视水流指示器、压力开关的动作信号，监视检修用蝶阀的开启或关闭信号。

（2）湿式自动喷水灭火系统的日常管理与维护

1）每月对喷头进行一次外观检查。

2）每年对水源的供水能力进行一次测定，看是否符合设计要求。消防水池、消防水箱及气压给水设备应每月检查一次。

3）电磁阀应每月检查一次，检验其启动是否正常。每两个月利用末端放水装置放水，试验水流指示器的报警功能。每个季度对报警阀旁的放水试验阀进行放水，验证供水能力及压力开关、水力警铃的报警功能。

（3）火灾时的现场处置

1）检查并确保系统的总控制阀门处于全开状态。

2）查清喷水楼层和部位。

3）检查供水压力和水源，必要时启动消防水泵供水。

4）确认火灾被扑灭后，立即停止供水，以减少不必要的水渍损失。

5）检查火灾区域的喷头，更换已经动作的喷头和明显受损的喷头，使系统恢复正常状态。

2. 防排烟系统

防排烟系统在整个消防联动系统中的作用非常重要。因为在火灾事故中造成的人身伤害绝大部分是因为窒息造成的。而且燃烧产生的大量烟气如果不及时排除，还可能影响人们的视线，使疏散的人群因迷失方向而受到伤害；同时也影响消防人员对火场环境的观察及灭火措施的准确性，降低灭火效率。

3. 防火门及防火卷帘的控制

防火卷帘一般设置在自动扶梯的四周、电梯前室，或者商场等大开间场所，用做防火分区的防火隔断。防火卷帘分为通道型、分区型两种，具有手动和自动控制功能。疏散通道上的防火卷帘两侧应设置火灾探测器组及报警装置，且应设置手动控制按钮。防火卷帘的动作方式为：

（1）感烟探测器动作后，卷帘下降至距地面1.8 m处。

（2）感温探测器动作后，卷帘下降到底。

（3）对于分区型防火卷帘门系统，当本层内感烟探测器报警时，卷帘门降到底。

4. 消防电梯

电梯是高层建筑中必不可少的纵向交通工具，而消防电梯则在火灾发生时可供消防人员灭火和救人使用，并且在平时兼做普通电梯使用。由于普通电梯的供电电源没有保障，发生火灾时一般不使用。

5. 火灾事故广播和消防电话系统

消防控制中心应设置火灾事故广播系统与消防电话系统专用设备，其作用是发生火灾时指挥现场人员进行疏散并向消防部门报警。其中消防电话系统是一种消防专用的通信系统，是不同于普通电话的独立系统，用于消防控制中心、火灾报警器设置点及消防设置机房等处。

消防广播系统包括消控中心内的广播设置和现场广播喇叭两部分。

广播设置包括音源、话筒、前置、功放。

当发生火警时，主机按照设定的程序启动紧急广播，控制器发出控制命令，使火灾层及上、下层自动切换至紧急广播状态。

消防电话系统主要包括电话主机、固定式电话分机、手提式电话分机、电话插孔等设备。

当感烟探测器、感温探测器或者手动按钮报警时，本层及相邻层广播控制模块自动启动。

6. 消火栓系统

消火栓系统包括消火栓按钮、消防泵、稳压泵。消火栓按钮分为强电按钮和弱电按钮两种，强电按钮直接与消防泵控制箱相连，按下后，可以直接启动消防泵；弱电按钮通过总线编码方式与控制器相连。消火栓箱内包括消火栓、水带、水枪。消火栓附近一般设置消火栓按钮，按下消火栓按钮即可通知消防控制中心，消防控制中心可以手动启动消防泵，也可以在联动控制器允许的情况下自动启动消防泵。

7. 气体灭火系统

气体灭火系统主要包括紧急启动、停止按钮，声光报警器，喷洒指示灯，钢瓶驱动盘，电磁阀及电爆管等。

感烟探测器、感温探测器均报警或紧急启动按钮按下时，声光报警器启动，经延时30 s电磁阀或电爆管启动，喷洒气体后，压力开关返回信号联动喷洒指示灯亮起。

8. 其他联动控制系统

其他联动控制系统主要包括非消防电源、消防电梯等。

当感烟探测器、感温探测器或者手动报警按钮报警时，本层非消防电源被自动切断，并联动消防电梯自动落地。

知识巩固

1．火灾自动报警系统由哪几个部分组成？火灾自动报警联动系统的类型有哪些？
2．消防联动控制系统由几个部分组成？

第三节　火灾自动报警及消防联动控制系统的设备安装

一、施工准备

首先应对所提供的图样进行会审，同时要熟悉结构图、建筑图等有关图样。

1．主要设备材料

一般火灾自动报警系统主要设备材料的选用应符合各项规范要求。

（1）主要设备。包括区域火灾报警控制器、集中报警控制设备、消防中心控制设备、图像显示与打印操作设备、消防备用电源、火灾探测器（感烟、感温、燃气等）、手动火灾报警按钮、声光显示报警器、各类模块、各种联动控制及信号反馈设备、消防通信设备、消防广播设备。

（2）一般常用材料。包括管材、线槽、电线、电缆、金属软管、接线盒、焊锡丝、锯条等。

2．主要机具

主要机具包括剥线刀、各种大小的螺钉旋具、电烙铁、角尺、工具箱、万用表和各种电工工具等。

二、施工工艺流程

施工工艺流程为：钢管和线槽的安装→线槽内导线的连接→火灾自动报警设备的安装→调试→检测验收。

1．火灾探测器安装

火灾探测器的安装要求为：底座应固定可靠，其连接导线必须可靠压接或焊接，且探测器的接线应按设计和厂家要求接线，但“+”线应为红色，“-”线应为黑色，其余导线要根据探测器的说明书进行连接。

2. 手动火灾报警按钮的安装

报警区内的每个防火区应至少设置一个手动报警按钮，从一个防火分区内的任何位置到最近一个手动火灾报警按钮的步行距离应不大于 30 m。手动火灾报警按钮外接导线应留有 0.1 m 的余量，且在端部应有明显标志。

3. 端子箱和模块箱的安装

端子箱和模块箱一般设置在专用的竖井内，应根据设计要求的高度用金属膨胀螺栓固定在墙壁上明装，安装时应端正牢固，不得倾斜。用对线器进行对线编号，然后将导线留出一定的余量，把从控制中心引来的干线和火灾报警器及其他的控制线路捆绑成束，分别设在端子板两侧，左侧为从控制中心引来的干线，右侧为由火灾报警探测器和其他设备引来的控制线路。压线前应对导线的绝缘进行摇测，合格后再按设计厂家的要求压线。模块箱内的模块应按厂家和设计要求安装配线，合理布置，且安装应牢固端正，并标有用途标志和线号。

4. 火灾报警控制器的安装

火灾报警控制器一般应设置在消防中心、消防值班室、警卫室及其他规定有人值班的房间或场所。控制器的显示操作面板应避免阳光直射，房间内无高温、高湿、尘土、腐蚀性气体；并应避免振动、冲击等的影响。

5. 扬声器的分布与安装

扬声器的分布要均匀，要避免使邻近扬声器的听众感觉声音过大，同时也要防止产生声音盲区，因为大多数锥形扬声器的辐射角是90°，所以各扬声器之间的间隔大约等于扬声器辐射角锥形在人耳高度的假想平面上投射的直径。

6. 系统调试

（1）火灾自动报警系统的调试应在建筑内部装修和系统施工结束时进行。

（2）调试前施工人员应向调试人员提交竣工图、设计变更记录、施工记录、检验记录、竣工报告。

（3）调试负责人必须由有资格的专业技术人员担任，其资格审查由公安消防监督机构负责。

（4）调试前应按下列要求进行检查。

1）按设计要求查验设备规格、型号、备品、备件等。

2）按火灾自动报警系统施工及验收规范的要求检查系统的施工质量。对施工过程中出现的问题，应会同有关单位协商解决，并做文字记录。

3）检查检验系统线路的配线、接线、线路电阻、绝缘电阻、接地电阻、终端电阻、线号、接地、线的颜色等是否符合设计和规范要求，发现错线、开路、短路等问题应及时处理，排除故障。

（5）调试火灾报警系统时应首先分别对探测器、消防控制设备等逐个进行单机通电检查试验。单机检查试验合格后再进行系统调试，将报警控制器通电接入系统，对火灾报警自检功能、消音、复位功能、故障报警功能、火灾优先功能、报警记忆功能、电源自动转换和备用电源的自动充电功能、备用电源的欠压和过压报警功能等进行检查。

（6）按设计要求分别用主电源和备用电源供电，逐个逐项检查试验火灾报警系统的各种控制功能和联动功能。

（7）火灾自动报警系统的主电源和备用电源的容量应符合有关国家标准规定，备用电源连续充放电三次后即应能正常使用，主电源、备用电源转换均应正常。

（8）调试系统控制功能后应用专用的加烟加温等试验器分别对各类探测器逐个试验，动作无误后方可投入运行。

（9）对于其他报警设备也要逐个试验无误后方可投入运行。

（10）按系统调试程序进行系统功能自检。系统调试完全正常后，应能连续无故障运行120 h，写出调试开通报告，进行验收工作。

三、系统验收程序

1. 火灾自动报警系统安装调试完成后，由施工单位、调试单位对工程质量、调试质量、施工资料等进行预检，同时进行质量评定，发现质量问题应及时解决，直至达到符合设计和规范要求为止。

2. 预检全部合格后，施工单位、调试单位应请建设、设计、监理等单位对工程进行竣工验收检查，无误后办理竣工验收单。

3. 建设单位或施工单位应请建筑消防设施技术检测单位进行系统检测，并由该单位提交检验报告。

4. 以上工作全部完成后，应由建设单位向公安消防监督机构提交验收申请报告，并提供下列文件和资料。

（1）建设过程中消防部门的消防审核文件、备忘录及其落实情况记录。

（2）施工单位、设备厂家的资质证书和产品的检测证书。

（3）施工记录，包括隐蔽工程验收、设计变更洽商、绝缘摇测记录、接地电阻记录、主要材质证明、合格证等。

（4）调试报告。

（5）建设单位提出的检测报告。

（6）检测单位提出的检测报告。

（7）系统竣工图、系统竣工表。

（8）管理、维护人员登记表。

5. 消防工程应由公安消防监督机构对施工质量进行复验和对消防设备功能进行抽验。

全部合格后，发给建设单位《建筑工程消防设施验收合格证书》，设备方可投入使用，进入系统的运行阶段。

四、质量记录质量记录材料包括以下内容。

1. 主要钢材的材料证明和合格证、绝缘导线和电缆的合格证、火灾报警设备及防火材料进入许可证、国家质量监督部门的检测报告、设备和材料进厂检验记录。

2. 设计变更洽商记录。

3. 预检记录。

4. 隐蔽工程检验记录、电气接地装置隐检记录和平面示意图。

5. 调试记录，其中主要包括绝缘电阻测试记录、接地电阻测试记录、消防系统调试报告、消防报警系统检测报告等。

6. 施工方案、技术交底和施工日志。

7. 工程质量检验评定表。

8. 竣工验收单。

9. 消防监督部门检查备忘录。

10. 建筑消防设施检验合格证及使用许可证。

11. 竣工图。

12. 其他技术和质量资料，如自互检记录、中间验收记录、设备产品说明书、主要技术与质量会议记录、图样会审记录、工程事故报告、监理使用的各种表格等。

知识巩固

1. 火灾自动报警及消防联动控制系统该做哪些施工准备？

2. 火灾自动报警及消防联动控制系统的主要施工流程有哪些？

思考与练习

1. 火灾自动报警及消防联动控制系统常用的基本设备有哪些？

2. 火灾自动报警及消防联动控制系统的基本组成是什么？

3. 理解火灾自动报警及消防联动控制系统的系统图，同时能根据系统图进行接线、功能调试。

第五章　安全防范系统

本章提示

本单元主要介绍智能楼宇安全防范系统的基本知识，主要包括视频监控系统、防盗报警系统、对讲门禁及室内安防系统、巡更管理系统等。重点是组成系统的器件功能及系统的接线方式，并对相关设备的功能调试进行说明。

第一节　视频监控系统

视频监控系统是安全防范系统的重要组成部分，它是一种防范能力较强的综合系统。视频监控系统以其直观、准确、及时和信息内容丰富而被广泛应用于许多场合。近年来，随着计算机、网络以及图像处理、传输技术的飞速发展，视频监控技术也有了长足的发展。视频监控系统是由摄像、传输、控制、显示、记录登记五大部分组成的。摄像机通过同轴视频电缆将视频图像传输到控制主机，控制主机再将视频信号分配到各监视器及录像设备，同时可将需要传输的语音信号同步录入到录像机内。通过控制主机，操作人员可发出指令，对云台的上、下、左、右动作进行控制及对镜头进行调焦变倍的操作，并可通过控制主机实现在多路摄像机及云台之间的切换。利用特殊的录像处理模式，可对图像进行录入、回放、处理等操作，使录像效果达到最佳。

一、主要设备

1. 红外摄像机

人眼能够看到的可见光按波长从长到短排列依次为红、橙、黄、绿、青、蓝、紫光。比紫光波长更短的光叫紫外线，比红光波长更长的光叫红外线。人眼是看不到红外线的。数码摄像机用 CCD（电荷耦合元件）感应所有光线，这就造成了所拍摄的影像和肉眼看到的影像差异较大。为了解决这个问题，数码摄像机在镜头和 CCD 之间加装了一个红外滤光镜，其作用就是阻挡红外线进入 CCD，让 CCD 只能感应到可见光，这样就使数码摄像机拍摄到的影像和肉眼看到的影像一致了。目前大多数的红外摄像机都采用 LED 红外发光二极管作为红外摄像机的主要器件，其外形如图 5—1 所示。

图 5—1　红外摄像机

2. 枪式摄像机

枪式摄像机适用于光线不充足的地区或夜间无法安装照明设备的地区。在仅监视景物的位置或移动时，可选用枪式摄像机，其外形如图 5—2 所示。

3. 半球式摄像机

半球式摄像机，顾名思义，呈半球状。半球式摄像机由于体积小巧，外形美观，比较适合用于办公场所及装修档次高的场所。

目前的半球式摄像机主要是 CCD 摄像机，CCD 是电荷耦合器件（Charge Coupled Device）的简称，它能够将光线变为电荷并将电荷存储及转移，也可将存储电荷取出使电压发生变化，因此，电荷耦合元件是理想的摄像机元件。CCD 摄像机具有体积小、质量轻、不受磁场影响、抗震动和撞击的特性而被广泛应用，其外形如图 5—3 所示。

图 5—2 枪式摄像机

图 5—3 半球式 CCD 摄像机

4. 高速球形摄像机

高速球形摄像机是一种智能化摄像机产品，全称为高速智能化球形摄像机，或者一体化高速智能球摄像机，简称快球或高速球。高速球是监控系统最复杂和综合表现效果最好的摄像机前端产品，制造复杂、价格昂贵，能够适应高密度、情况复杂的监控场合。高速球是一种集成度相当高的产品，集成了云台系统、通信系统和摄像机系统。云台系统是指电动机带动的旋转部分，通信系统是指对电动机的控制及对图像和信号的处理部分，摄像机系统是指所采用的一体机机芯。其外形图如图 5—4 所示。

图 5—4 高速球形摄像机

高速球采用精密微分步进电动机实现快速、准确的定位、旋转。所有操作都是通过 CPU 发出的指令来实现的。然后将摄像机的图像、摄像机的功能写进高速球的 CPU，在实现云台控制时，可将图像传输出来，并且能实现摄像机很多功能（比如白平衡、快门、光圈、变焦、对焦等）的控制。

一般高速球都分为球心部分、外壳部分及配件部分。高速球有一个用机架把一体机机芯、控制解码主板和电动机云台系统统一起来的球心部分，球心部分跟外壳用螺钉或者其他方式连接起来。球心是核心部分。外壳有多种外观，都是采用铝合金或塑料制成，铝合金外壳一般又分为铸造和冲压两种。铝合金外壳性能优于塑料外壳，冲压外壳优于铸造外壳。外壳下方是透明罩部分，透明罩必须采用光学透明罩才能保证通光率和图像无变形，同时还要考虑防老化、防破坏、防尘等问题。配件部分一般包括支架部分、加热器部分、散热部分。支架包括壁装支架、吊杆支架、表面贴装吸顶、嵌入式吸顶（不需要支架）。一般室外球机都装有散热的装置，而加热装置只有在严寒地区才选装，室内球机原则上没有散热和加热部分。配件还包括电源部分，一般使用 24 V、2 ~ 3 A 的变压器供电。

高速球有几个主要的硬件部件，包括电动机、滑环、电源部分和控制主板。传动带也是一个重要的部件。

高速球的通信问题涉及通信协议和通信方式。通信协议是指高速球跟主机系统通信时选择的通信协议，比如 Pelco、曼码、松下、菲利普协议等。通信方式是指这些通信协议采用什么方式来进行通信，比如 485 通信方式、232 通信方式、422 通信方式、同轴视控通信方式。一般来讲，高速球都采用 485 通信方式，而各个厂家的通信协议也各不相同。

5. 监视器

监视器是闭路监控系统（CCTV）的显示部分，也是监控系统的标准输出装置。有了监视器的显示人们才能观看前端传送过来的图像。作为视频监控系统不可或缺的终端设备，它充当着监控人员的“眼睛”，同时也对事后调查起到关键性作用。

下面主要介绍监视器的分类。

按屏幕尺寸分，监视器有 8、10、12、15、17、19、20、22、24、26、32、37、40、42、46、47、52、57、65、70、82、108 寸等。

按显示色彩分，监视器有彩色、黑白之分。

按扫描方式分，监视器有隔行扫描和逐行扫描之分。

按屏幕类型分，监视器有液晶监视器、背投监视器、CRT 监视器、等离子监视器等。

按屏幕形状分，监视器有纯平、普屏、球面之分。

按屏幕材质分，监视器有 CRT、LED、DLP、LCD 之分。

按品牌分，监视器有 Makefor（东准）监视器、Skyworth 液晶监视器、HIZOR 液晶监视器、TCL 液晶监视器等。

按用途分，监视器有安防监视器、监控监视器、广电监视器、工业监视器、计算机监视器等。

如图 5—5 与图 5—6 所示分别为普通监视器与液晶监视器。

图 5—5 普通监视器

图 5—6 液晶监视器

监视器与电视机、显示器的区别，在性能上主要体现为三个“度”，即图像清晰度、色彩还原度和整机稳定度。这是由监视器的应用要求和应用环境决定的。一方面，监视器经常需要静态图像，它必须真实地再现摄像机所拍摄到的影像信息，其中包括诸多细节，如被摄物体的局部特征等。不能清楚地再现细节，也就失去了监视的目的，这就需要监视器具有较高的图像清晰度；另一方面，由于细节通常包括色彩特征，真实地反映被摄物体的色彩特征，也是对监视器的关键要求，因此监视器要具备较高的色彩还原度；此外，由于监视器通常需要长时间不间断地工作，因此对产品稳定度要求十分高。

6．矩阵主机

矩阵主机是模拟设备，主要负责对前端视频源与控制线的切换控制，即矩阵主机主要是配合监视器使用，完成画面切换的功能，不具备录像功能。如图 5—7 所示即为一个矩阵主机。

图 5—7　矩阵主机

7．硬盘录像机

硬盘录像机（Digital Video Recorder，DVR）即数字视频录像机，相对于传统的模拟视频录像机，它采用硬盘记录录像，故常常被称为硬盘录像机。硬盘录像机是一套进行图像存储与处理的计算机系统，具有对图像、语音进行长时间录制、远程监视和控制的功能。如图 5—8 所示即为一台硬盘录像机。

图 5—8　硬盘录像机

二、设备安装及接线

1．按照系统接线框图安装器件

如图 5—9 所示为视频监控系统的接线框图。系统的安装主要包括四个摄像机的安装、线路敷设、监控设备的安装、电源及保护装置的安装等。

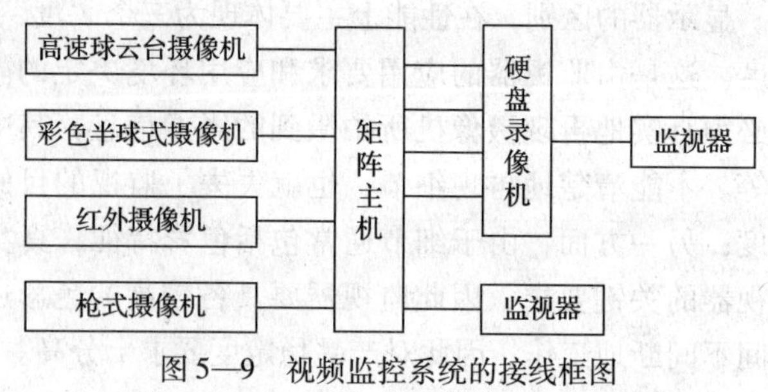

图 5—9　视频监控系统的接线框图

2. 视频线和 BNC 接头的制作

视频线顾名思义是用来传输视频信号的，是用来传输视频基带模拟信号的一种同轴电缆，一般有 75 Ω 和 50 Ω 两个阻抗，还可以按照粗细分为 -3、-5、-7、-9 等型号，视频线又根据材质的不同分为 SYV 和 SYWV 两种。

BNC 接头是一种用于同轴电缆的连接器。BNC 接头有压接式、组装式和焊接式，制作压接式 BNC 接头需要专用卡线钳和电工刀。BNC 接头制作步骤如下。

（1）剥线。同轴电缆由外向内分别为保护胶皮、金属屏蔽网线（接地屏蔽线）、乳白色透明绝缘层和芯线（信号线）。芯线由一根或几根铜线构成，金属屏蔽网线是由金属线编织的金属网，内外层导线之间用乳白色透明绝缘物填充，内外层导线保持同轴故称为同轴电缆。视频监控系统中采用的同轴电缆（SYV75 -3）芯线由多根铜线组成。如图 5—10 所示即为同轴电缆结构图。

用刀将一根 1 m 同轴电缆外层保护胶皮划开并剥去 1 cm 长的保护胶皮（注意不能割断金属屏蔽网的金属线），把裸露出来的金属屏蔽网理成一股金属线，再将芯线外的乳白色透明绝缘层剥去 0.4 cm 长，使芯线裸露。

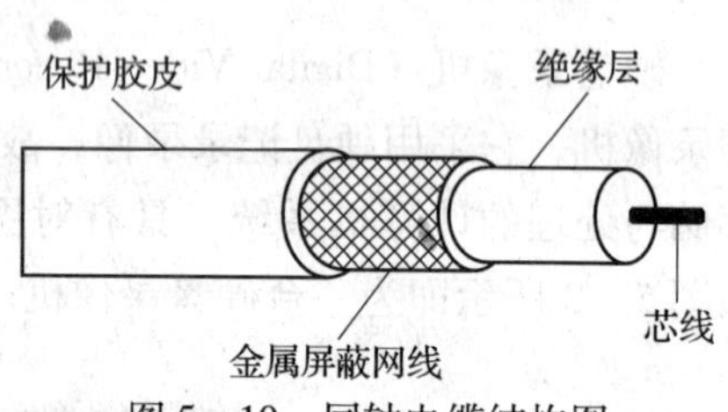

图 5—10　同轴电缆结构图

（2）连接芯线。BNC 接头由 BNC 本体（带芯线插针）、屏蔽金属套筒、尾巴组成。芯线插针用于连接同轴电缆芯线；一般情况下，芯线插针固定于 BNC 接头本体中。把屏蔽金属套筒和尾巴穿入同轴电缆中，将拧成一股的同轴电缆金属屏蔽网线穿过 BNC 本体固定块上的小孔，并使同轴电缆的芯线插入芯线插针尾部的小孔中，然后用电烙铁焊接芯线与芯线插针，焊接金属屏蔽网线与 BNC 本体固定块。

（3）压线。使用电工钳使固定块卡紧同轴电缆，使屏蔽金属套筒旋紧 BNC 本体。在同轴电缆的另一端重复上述操作，BNC 接头即制作完成。

（4）测试。使用万用电表检查视频电缆两端 BNC 接头的屏蔽金属套筒与屏蔽金属套筒之间是否导通，芯线插针与芯线插针之间是否导通。若其中有一项不导通，则视频电缆断路，需重新制作。

使用万用电表检查视频电缆两端 BNC 接头的屏蔽金属套筒与芯线插针之间是否导通。若导通，则视频电缆短路，需重新制作。

3. 摄像机、矩阵主机、硬盘录像机和监视器的连接（见图5—11）

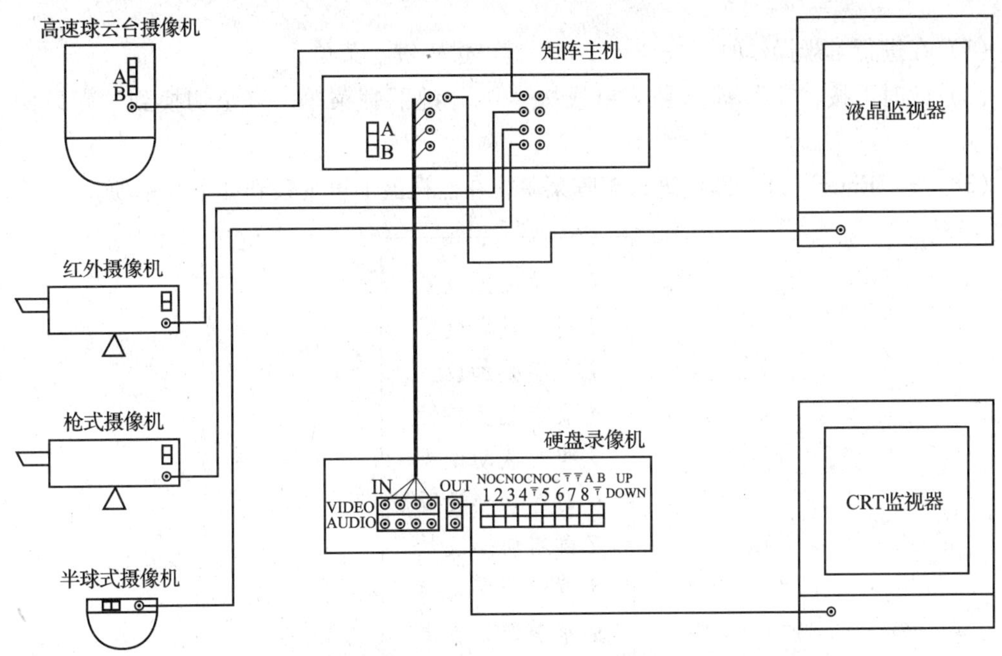

图5—11　摄像机、矩阵主机、硬盘录像机和监视器的连接

（1）视频线的连接。高速球云台摄像机的视频输出连接到矩阵主机的视频输入1，红外摄像机的视频输出连接到矩阵主机的视频输入2，枪式摄像机的视频输出连接到矩阵主机的视频输入3，半球式摄像机的视频输出连接到矩阵主机的视频输入4。

矩阵的视频输出5连接到液晶监视器的输入1，矩阵主机的视频输出1～4对应连接到硬盘录像机的视频输入1～4。

硬盘录像机的输出连接到监视器的视频输入1。

（2）视频电源的连接。高速球云台摄像机的电源为AC 24 V，枪式摄像机、红外摄像机、半球式摄像机的电源为DC 12 V，矩阵主机、硬盘录像机、监视器的电源为AC 220 V。

（3）控制线的连接。高速球云台摄像机的云台控制线连接到矩阵主机PTZ中的A（+）和B（－）。

三、视频监控系统的调试

1. 矩阵切换

（1）按“5”－“MON”键，即可切换到通道5的输出。

（2）按“2”－“CAM”键，即可切换输入通道2到输出。

注意：上述操作需将矩阵主机输出5连接到液晶监视器的输入1。

2. 队列切换

（1）在进行常规操作时，按“MENU”键可进入键盘菜单。

（2）此时可按“↑”键上翻菜单或按“↓”键下翻菜单，直至切换到“矩阵菜单”项。

（3）按“Enter”键，即可进入矩阵菜单，在监视器上可观察到如下菜单项。

1 系统配置设置
2 时间日期设置
3 文字叠加设置
4 文字显示特性
5 报警联动设置
6 时序切换设置
7 群组切换设置
8 群组顺序切换
9 报警记录查询
0 恢复出厂设置

（4）按“↑”键或“↓”键将菜单前闪烁的“►”切换到“时序切换设置”。

（5）按“Enter”键，即可进入队列切换编程界面，如下所示。

视频输出 01　　　　驻留时间 02
视频输入

01 = 0001	09 = 0009	17 = 0017	25 = 0025
02 = 0002	10 = 0010	18 = 0018	26 = 0026
03 = 0003	11 = 0011	19 = 0019	27 = 0027
04 = 0004	12 = 0012	20 = 0020	28 = 0028
05 = 0005	13 = 0013	21 = 0021	29 = 0029
06 = 0006	14 = 0014	22 = 0022	30 = 0030
07 = 0007	15 = 0015	23 = 0023	31 = 0031
08 = 0008	16 = 0016	24 = 0024	32 = 0032

（6）按“↑”键或“↓”键将移动闪烁的“►”，表示当前修改的参数，通过输入数字并按“Enter”键即可完成相应的参数修改。将其内容修改为如下所示。

视频输出 05		驻留时间 05	
视频输入			
01 = 0001	09 = 0000	17 = 0000	25 = 0000
02 = 0003	10 = 0000	18 = 0000	26 = 0000
03 = 0002	11 = 0000	19 = 0000	27 = 0000
04 = 0004	12 = 0000	20 = 0000	28 = 0000
05 = 0003	13 = 0000	21 = 0000	29 = 0000
06 = 0004	14 = 0000	22 = 0000	30 = 0000
07 = 0001	15 = 0000	23 = 0000	31 = 0000
08 = 0002	16 = 0000	24 = 0000	32 = 0000

（7）按“DVR”键，返回到矩阵菜单。

（8）按“DVR”键，退出矩阵菜单。

（9）连续按“Exit”键两次，退出设置菜单。

（10）按“SEQ”键，即可在输出通道 5 执行队列切换输出。

（11）按“Shift” + “SEQ”键，即可停止该队列。

3. 云台控制

（1）按“5” – “MON”键，切换到通道 5 的输出。

（2）按“1” – “CAM”键，切换到输入摄像机 1。

注意：这里需要高速球云台摄像机的地址为 1，通信协议为 Pelco – d，波特率为 2 400 bps。

（3）控制矩阵主机的摇杆，即可控制高速球云台摄像机进行相应的转动。

（4）按“Zoom Tele”键或“Zoom Wide”键即可实现镜头的拉伸。

（5）使用摇杆和矩阵主机键盘切换到高速球需监视的预置点 1。

（6）按“1”键输入预置点号“1”，并按“Shift” + “Call”键，设置智能球机的预置点。

（7）参考步骤（5）、（6）内容，设置其他的预置点 2、3、4。

（8）调用预置点时，按“1” – “CALL”键即可切换到预置点 1，采用类似方式可切换到预置点 2、3、4。

4. 高速球云台摄像机的控制

（1）本操作中，高速球已经连接到硬盘录像机，且高速球解码器的地址为 1，通信协议为 Pelco – d，波特率为 2 400 bps。

（2）在硬盘录像机上登录系统后，依次进入“主菜单 – 系统设置 – 云台控制”界面，并设置参数为通道：1，协议：PELCOD，地址：1，波特率：2 400，数据位：8，停止位：1，校验：无。单击“保存”按钮，保存设置的参数，单击鼠标右键退出参数设置系统。如图 5—12 所示为云台控制参数设置初始界面。

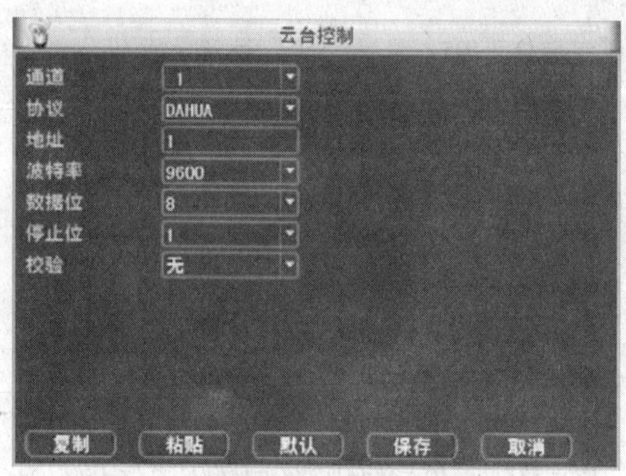

图 5—12　云台控制参数设置初始界面

（3）将监视器的显示界面切换到高速球云台摄像机的监控画面。

单击鼠标右键，并选择右键菜单的“云台控制”选项，进入“云台控制”界面 1，如图 5—13 所示。

（4）单击“云台控制”界面 1 的“上”“下”“左”“右”按钮即可控制高速球云台摄像机进行上、下、左、右转动。

单击“变倍”“聚焦”“光圈”两侧的“+”和“-”按钮，即可实现相应的操作。

单击“设置”按钮，进入设置“预置点”“点间巡航”“巡迹”“线扫边界”等参数的界面，如图 5—14 所示。

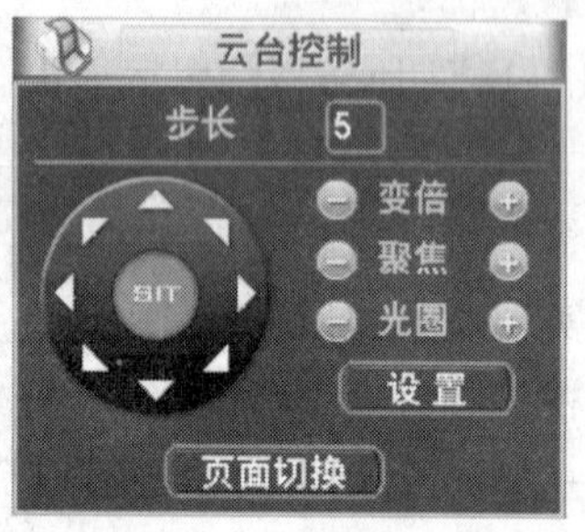

图 5—13　“云台控制”界面 1

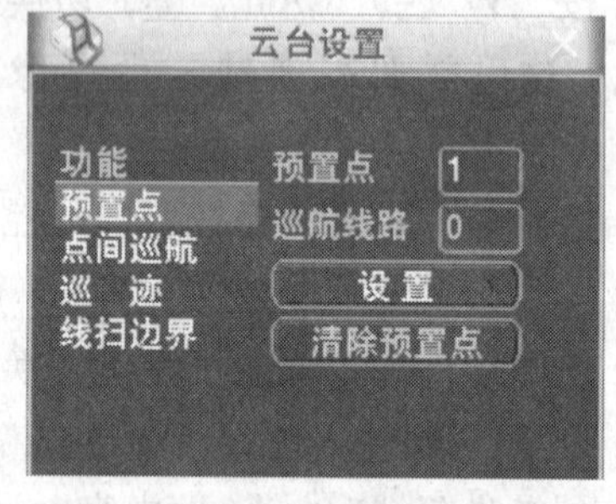

图 5—14　“云台设置”界面

（5）预置点的设置。在“云台控制”页面，转动摄像头至需要的位置，再切换到“云台设置”界面，单击“预置点”按钮，在“预置点”输入框中输入预置点值，并单击“设置”按钮保持参数设置。

（6）预置点的调用。在预置点值的输入框中输入需要调用的预置点，并单击“预置点”按钮即可进行调用。

（7）单击鼠标右键，返回到“云台控制”界面 1，单击“页面切换”按钮，进入“云台控制”界面 2，如图 5—15 所示。

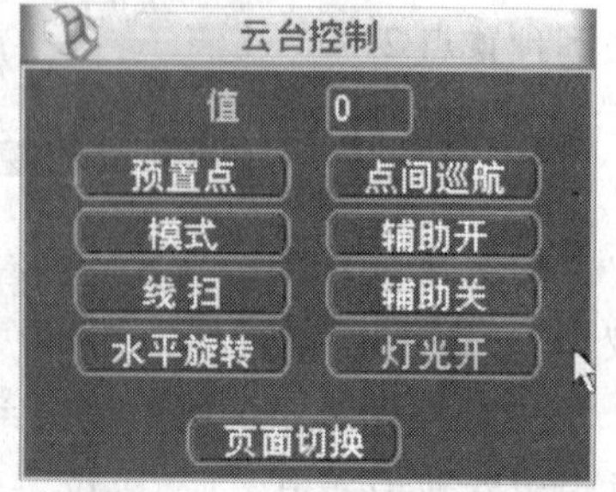

图 5—15　“云台控制”界面 2

（8）“云台控制”界面2主要为功能的调用界面。

知识巩固

1. 视频监控系统的基本设备有哪些？
2. 画出视频监控系统的基本原理图。
3. 如何进行高速球摄像机的一些基本控制？

第二节　防盗报警系统

防盗报警装置是预防抢劫、盗窃等意外事件发生的重要设施。一旦发生突发事件，防盗报警系统就能通过声光警报或电子地图将出事地点提示给值班人员，以便迅速采取应急措施。防盗报警系统与出入口控制系统、闭路电视监控系统、对讲系统和电子巡更系统等一起构成了安全防范系统。

一、系统的组成

防盗报警系统由大型报警主机、液晶键盘、打印机接口模块、多路总线驱动器、六防区报警主机、震动探测器、玻璃破碎探测器、感温探测器、感烟探测器、红外对射探测器、声光报警器、红外幕帘探测器等部件组成。这些部件构建了一套典型的防盗报警系统，能够实现建筑模型之间的防盗报警功能。

1. 报警主机

报警主机主要用于连接报警探测器，是判断报警情况、管理报警事件的专用设备。报警主机具有对报警主机防区进行设置与管理的能力，可以根据报警探测器的信号进行分析、产生报警事件，并根据在报警主机上的参数设置进行处理。报警主机可以对设防区区域进行撤/布防操作，是整个安全系统的核心。

2. 管理软件

报警主机通过串行通信接口与计算机连接，计算机上运行的软件（CMS7400）能够根据从报警主机接收到的报警事件并参照在计算软件中设置的防区参数对防区进行报警消息显示以及对报警主机进行远程撤/布防、巡更管理、钥匙开关控制等。

3. 报警探测器

报警探测器又称报警传感器，是按不同的使用目的、不同的防范要求安装于设防区域内的报警系统前端传感装置，用于探测人员的进入、烟火的发生等情况，报警探测器分为红外探测器、震动探测器、门磁、感烟探测器、感温探测器等。

4. 报警信号的传输装置

报警信号的传输装置用于将探测器探测到的有关入侵信息传送到监控中心。

二、主要设备

1. 报警探测器

报警探测器又称入侵探测器，是专门用来探测入侵者的移动或其他动作的由各种类型的传感器和信号处理电路组成的装置，又称为入侵报警探头。

入侵探测器置于防范的现场，用来探测所需报警的目标。它可以将感知到的各种形式的物理量的变化转化成符合报警控制器处理要求的电信号的变化，进而通过报警控制器启动报警装置。

入侵探测器是入侵探测报警系统最前端的输入部分，也是整个报警系统中的关键部分。它在很大程度上决定着报警系统的性能、用途和报警系统的可靠性，是降低误报和漏报的决定因素，因为报警控制器是根据探测器的输出信号来发出报警的。各种类型的入侵探测器利用不同的原理来探测目标，如人体移动、玻璃破碎、物体振动、门窗开关、声音等，探测器电路将获取到的信息进行适当的处理和逻辑判断，再向报警控制器输出启动报警的信号。

（1）入侵探测器的分类方式

1）按用途或使用的场所不同来分，入侵探测器可分为户内型入侵探测器、户外型入侵探测器、周界入侵探测器、重点物体防盗探测器等。

2）按探测原理不同或应用的传感器不同来分，入侵探测器可分为雷达式微波探测器、微波墙式探测器、主动红外探测器、被动红外探测器、开关式探测器、超声波探测器、声控探测器、震动探测器、玻璃破碎探测器、电场感应式探测器、电容变化探测器、视频探测器、微波—被动红外双技术探测器、超声波—被动红外双技术探测器等。

3）按警戒范围来分，入侵探测器可分为点型探测器、线型探测器、面型探测器及空间型探测器。

点型探测器的警戒范围是一个点，线型探测器的警戒范围是一条线，面型探测器的警戒范围是一个面，空间探测器的警戒范围是一个三维空间。

（2）入侵探测器的种类。智能住宅小区防盗报警系统常用的入侵报警探测器有如下几种。

1）门磁开关。门磁开关是探测器中最基本、最简单有效的装置。它是一个开关，常用的有微动开关、磁簧开关等，一般安装在门窗上。门磁开关可分为常开、常闭两种，一般安装在门磁探测器中，大多数采用磁簧开关和常闭方式。

门磁开关由带金属触点的两个簧片（封装在充有惰性气体的玻璃管内，也称干簧管）

和一块磁铁组成。

门磁开关主要用于封锁门或窗，其可靠性高、误报率低、成本低。安装时其位置距门或窗拉手边不大于 15 cm。如果是铁门，则需安装专门型门磁开关。但对于门缝、窗缝较大又易于变化的场合则不宜安装门磁开关。

2）红外线探测器。利用红外线能量的发射及接收技术构成的报警装置称为红外线探测器。依工作原理可分为热感式红外探测器和光束遮断式红外线探测器两种类型。红外线探测器分为无线和有线两种，其外形如图 5—16 所示。

①热感式（又称被动式）红外线探测器。任何物体，包括生物非生物，因表面热度的不同，都会辐射出强弱不等的红外线。红外线是波长介于微波与可见光之间的电磁波，红外光的波长范围是 0.78 ~ 14 μm，频率范围是 $3 \times 10^5 \sim 3.84 \times 10^8$ MHz。物体因温度不同，其所辐射的红外线波长也有差异。人体所辐射的红外线波长在 10 μm 左右，热感式红外线探测器即据此来侦测人体。

图 5—16　红外线探测器

②光束遮断式（又称主动式）红外线探测器。目前使用最多的光束遮断式红外线探测器为红外线对照式，它由一个红外线发射器与一个接收器以相对方式布置组成。当有人横跨门窗或其他监视防区时，红外线光束被遮断而引发报警。为了防止来人可能利用另一个红外光束来瞒过报警器，侦测用的红外线必须先调整至特定的频率再发送出去，而接收器也必须有频率与相位鉴别电路，以判别光束的真伪。由于激光有不易发散的特性，可通过布置许多折射镜来回交织构成一个防护圈或防护网，比单纯使用一道红外线光束更为有效。

3）双鉴探测器。双鉴探测器产生的起因是由于单一类型的探测器误报率较高，多次误报将会导致人们的思想麻痹，产生对防范设备的不信任感。为了解决误报率高的问题，人们提出了互补探测技术，即把两种不同探测原理的探头组合起来，进行混合报警。常把微波和被动红外线两种单技术探测器进行组合，当二者同时探测到入侵信号后才发出报警信号。

4）玻璃破碎报警探测器。玻璃破碎报警器一般被黏附在玻璃上，利用震动传感器（开关触点形式）检测玻璃破碎声音的频率而产生报警。它对一般行驶车辆或风吹门窗产生的震动信号没有响应。

2. DS7400XI - CHI 大型报警主机

如图 5—17 所示为 DS7400XI - CHI 大型报警主机系统，它是德国博世公司的产品，广泛应用于小区住家及周界报警系统、大楼安保系统，以及工厂、学校、仓库等各类大型安保系统中。它可实现计算机管理，并方便地与其他系统集成。

（1）接线端口说明

接地：使用电源线将此处端子与报警主机外壳地相连。

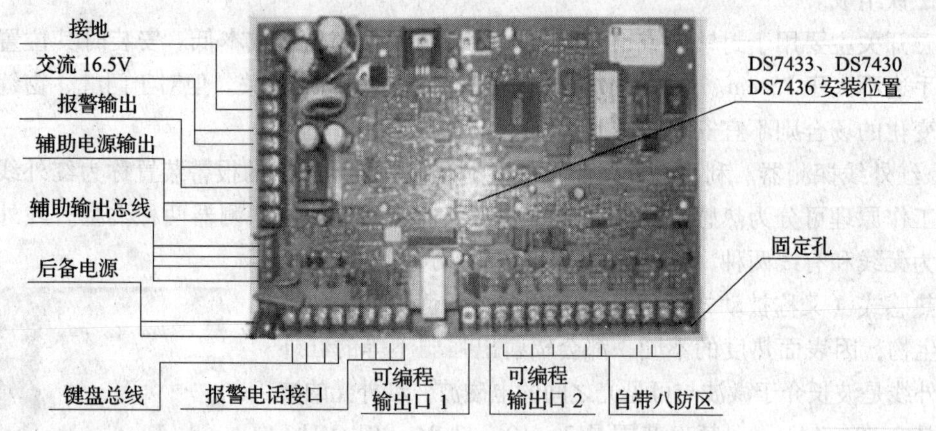

图 5—17　DS7400XI－CHI 大型报警主机系统

交流 16.5 V：使用电源线将此处端子与报警主机内的变压器 16.5 V 输出端相连。

报警输出：连接声光报警器。

辅助电源输出：DC 12 V，最大电流 1.0 A。

辅助输出总线：可连接 DS7488、DS7412 等外部设备。

后备电源：连接 12 V、7.0 A·h 蓄电池。

键盘总线：可连接 DS7447I、DS7412 等外部设备。

报警电话接口：连接外部报警电话。

可编程输出口 1、2：提供两个可编程输出接口。

自带八防区：可接入八个报警探测器输出。

（2）系统选配设备

1）DS730 单总线驱动器。DS730 单总线驱动器是 DS7400XI 使用总线扩充模块时的必选设备之一，直接安装在 DS7400XI 的主板上驱动一路总线，正常耗电为 65 mA，是各类防区扩充模块与 DS7400XI 主板之间的接口模块。安装 DS730 时要完全插入，并在断电时安装，总线的正负极不能接错。

DS730 上的 POWER 电源端口输出功率较小，一般不用于对探测器供电。

2）DS7412 串行接口模块。DS7412 是连接 DS7400XI 主板与打印机或计算机的一种接口转换模块。若想使 DS7400XI 直接连接串口打印机或计算机，就必须使用 DS7412 模块。该模块通过 RS232 协议来实现与外部设备的通信，通信速率为 2 400 bps，与计算机通信时串口线的接线顺序为：2－3，3－2，4－6，5－5，6－4，7－8，8－7。

DS7412 串行接口模块的接线端示意图如图 5—18 所示。

3）DS7447I 键盘。当使用 DS7400XI 报警主机时，必须要使用 DS7447I 键盘。DS7400XI 报警主机可以支持 15 个键盘，其中可设置一个主键盘（使用一个键盘时不必设置主键盘）。当需要分区时，可以使用某个键盘控制某一分区，进行独立布/撤防，也可以由主键盘对所有分区同时布/撤防。这些功能都要求在进行 DS7400XI 编程时设定。

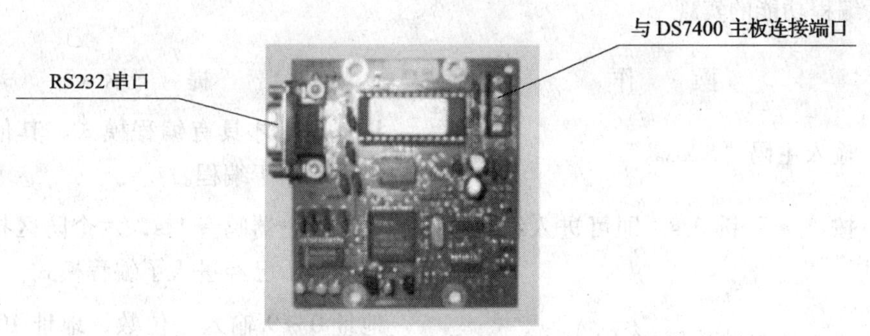

图 5—18　DS7412 串行接口模块的接线端示意图

3. DS6MX－CHI 报警主机

（1）DS6MX－CHI 报警主机接线端口示意图如图 5—19 所示。

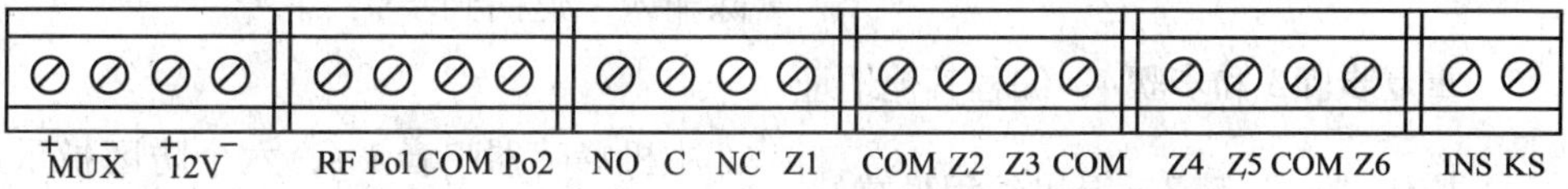

+ − + −
MUX　12V　RF Po1 COM Po2　NO　C　NC　Z1　COM Z2　Z3 COM　Z4　Z5 COM Z6　INS KS

图 5—19　DS6MX－CHI 报警主机接线端口示意图

端口接线说明如下所示。

“MUX”的＋、－端接总线驱动器 DS7430 模块 BUS 的＋、－端。

“12 V”的＋、－端接 12 V 直流电源的＋、－端，为该模块提供电源。

“RF”为连接无线接收机（DATA 端）的数据线。

“Po1”“Po2”两个固态电压输出能够被用来连接最大电流为 250 mA 的设备，工作电压不能超过 DC 15 V。

“NO”“C”中“NO”为 C 型继电器输出。

“Z1”～“Z6”为该模块的防区接线，每个防区必须接一个 10 kΩ 的电阻。当探测器为常开（NO）时，需并入一个 10 kΩ 的电阻；当探测器为常闭（NC）时，需串入一个 10 kΩ 的电阻。

通过闭合“KS”与“COM”端，模块可用如钥匙开关、门禁读卡器等进行外部布防。

通过短接“INS”与“COM”端可将进入/退出延时防区改为立即防区。

（2）DS6MX－CHI 键盘防区接线图如图 5—20 所示。

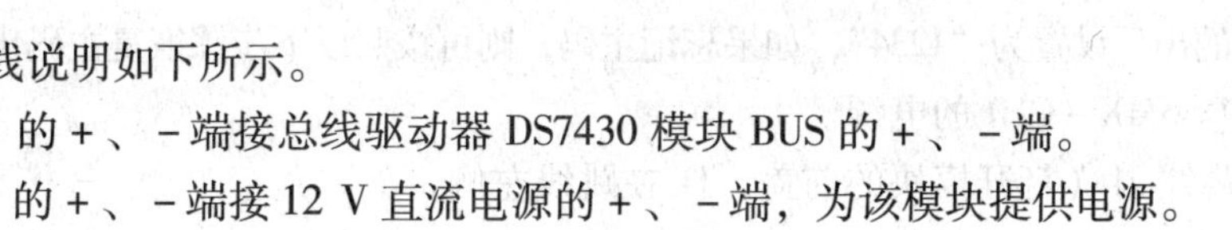

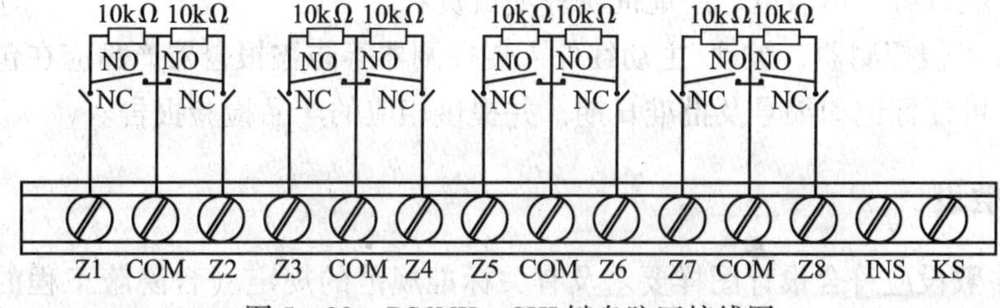

图 5—20　DS6MX－CHI 键盘防区接线图

（3）编程功能的实现

步骤	操　作	提　示
1	输入主码“&&&&”	只有主码才具有编程模式，其他三个用户码不能用于编程。
2	按“＊”键 3 s，即可进入编程模式	主机蜂鸣器鸣音 1 s，六个防区指示灯将快闪，表示已经进入了编程模式。
3	进入编程地址“&”或“&& + ＊”	地址 0 ~ 9 输入一位数，地址 10 ~ 45 输入两位数。
4	编程值：& ~ &&&&&&&&&	参考地址编程参数，编程值可由一位数到九位数不等。若设置正确，主机将鸣音 2 s 进行确认；若设置错误，可按“#”键清除输入，返回到步骤 3。
5	重复步骤 3 和步骤 4，编程其他地址	
6	按住“＊”键 3 s 退出编程模式	主机蜂鸣器鸣音 1 s，六个防区指示灯将熄灭，表示已经退出编程模式。

注：主码的出厂设置为“1234”，如果忘记主码，则可按照以下步骤恢复主码出厂设置。

1）关闭 DS6MX－CHI 的电源。

2）接通跳线 J1（打开模块的前盖，J1 在跳线左侧，下同）。

3）打开 DS6MX－CHI 的电源。

4）跳开跳线 J1。

经过以上四步，就可以把 DS6MX－CHI 的主码恢复为出厂设置状态了。

三、系统设备安装

1. 材料质量要求

（1）各类报警器（开关、震动、超声波、次声、主动与被动红外、微波、激光、视频运动、多种技术复合等报警器），报警控制器及传输缆线，必须具备产品技术说明书、质保资料（包括合格证），并应符合设计要求和相关行业标准。数量符合图样或合同的要求。设备进入现场，应具有开箱清单、产地证明等随机资料。

（2）微波入侵探测器、被动/主动红外入侵探测器等防盗报警器产品应在包装或说明书上标明生产许可证标记和编号及批准日期，并提供相应的产品检验报告。

2. 线路敷设

（1）线路敷设应符合设计图样要求及有关标准规范的规定（含隐蔽工程的应办理隐蔽验收手续）。

（2）线缆回路应进行绝缘测试（绝缘电阻大于20 MΩ），并留有记录。

（3）地线、电源线应按规定连接。电源线与信号线应分槽（管）敷设，以防干扰。采用联合接地时，接地电阻不大于1 Ω。

3. 探测器安装

（1）被动红外入侵探测器。所选探测器宜有自动温度补偿、抗小动物干扰、抗强光干扰、防遮挡等防误报、漏报技术措施。被动红外入侵探测器的视窗不应正对强光源以及阳光直射的窗口。

（2）微波－被动红外双鉴入侵探测器。所选探测器宜有抗小动物干扰、探测状态转换等防误报、漏报技术措施。应避开能引起两种探测技术同时产生误报的环境因素。防范区内不应有障碍物。

（3）主动红外线入侵探测器。所选室外用探测器外壳应具有防雨、防雾、防霜、遮阳等功能；内设自动增益控制电路在浓雾或天气恶劣时应能自动增加灵敏度；应具有校对显示装置等防误报、防漏报技术措施。

（4）门磁开关。注意所防护门、窗的质地，一般普通的磁控开关仅适用于木质的门窗；钢、铁门窗应采用专用型磁控开关，一般普通的磁控开关不宜使用在金属门上。磁控开关应安装在距门窗拉手边约15 cm处，干簧管安装在门、窗框上，磁铁安装在门、窗扇上，两者间对准，间距0.5 cm左右。

（5）紧急报警按钮（紧急求助按钮）。该按钮用于可能发生直接威胁生命事件的场所，利用人工启动发出报警信号。紧急报警按钮可采用有线和无线传输报警方式，宜具有防误触发、触发报警后能自锁、复位需采用人工操作等防误报技术措施。

四、防盗报警系统工程实例

1. 防盗报警系统工程系统框图（见图5—21）

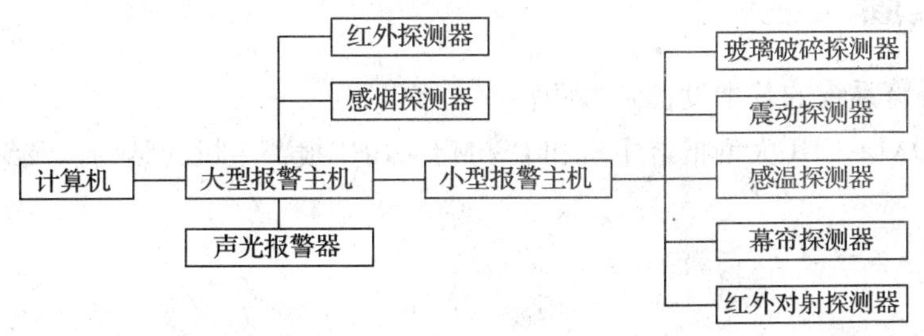

图5—21　防盗报警系统工程系统框图

2. 系统接线方式

系统接线方式如图5—22所示。

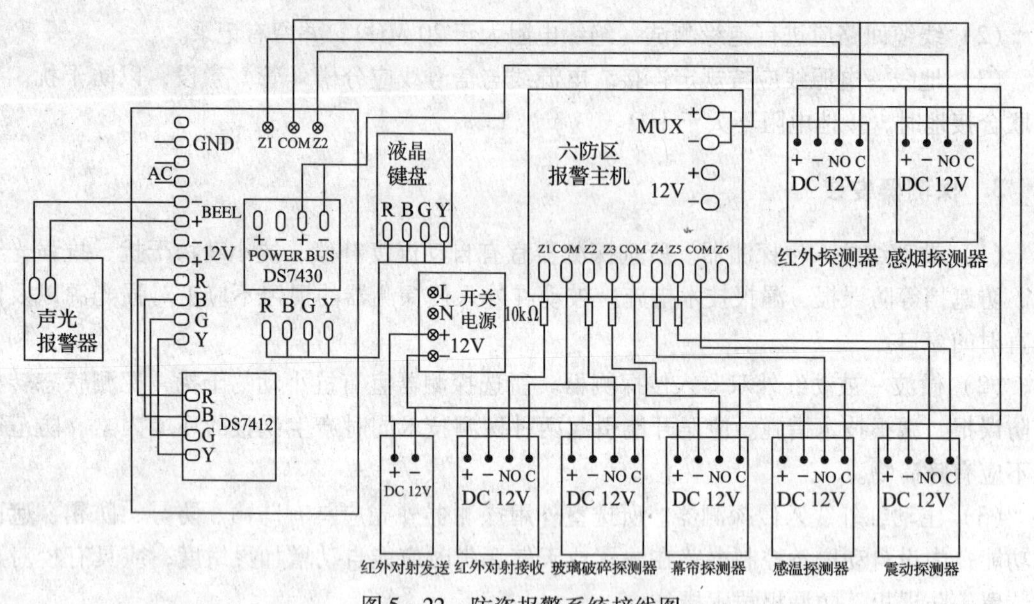

图 5—22 防盗报警系统接线图

3. 防盗报警系统编程内容（详见编程，可参考设备说明书）

0031 06#：DS7400XI－CHI 大型报警主机第一防区，功能为连续报警，内部即时。

0032 06#：DS7400XI－CHI 大型报警主机第二防区，功能为连续报警，内部即时。

0039 06#：DS6MX－CHI 报警主机第九防区，功能为连续报警，内部即时。

0040 06#：DS6MX－CHI 报警主机第十防区，功能为连续报警，内部即时。

0419 66#：DS6MX－CHI 报警主机连接到 DS7400XI－CHI 大型报警主机。

4019 18#：使用 DS7412 和使用 DS7400 上位机软件。

4020 20#：波特率为 2 400 bps。

2732 10#：强制布防一个防区和不检测接地。

知识巩固

1. 防盗报警系统的基本设备有哪些？
2. DS7400XI－CHI 大型报警主机和 DS6MX－CHI 报警主机的结构以及编程要求如何？

第三节 对讲门禁及室内安防系统

对讲门禁及室内安防系统对于确保区域和室内安全、实现智能化管理具有重要作用。它是一种简便易行、无人值守、易于普及的控制系统，常用于各类大厦、高层公寓和智能住宅小区。对讲门禁系统是指采用现代电子技术和通信技术在小区、大楼或住户的出入口

对人员的进出实施放行、拒绝、记录和报警等操作的整套电子自动化系统。室内安防系统是指为了保证住户在住宅内的人身和财产安全，通过在住宅内门、窗和室内其他部位安装各种探测器实施监控的一套系统。该系统通过室内对讲门禁系统将现场情况传输至小区管理中心，当有警情发生时，提示安保人员迅速确认，及时赶赴现场，以确保住户的人身和财产安全。同时，住户也可通过室内紧急求助系统向小区管理中心发出求救信号。对讲门禁系统和室内安防系统有机地结合在一起，是智能楼宇自动化系统必不可少的配套设施。

一、基本构成

如图 5—23 所示为对讲门禁及室内安防系统框图。

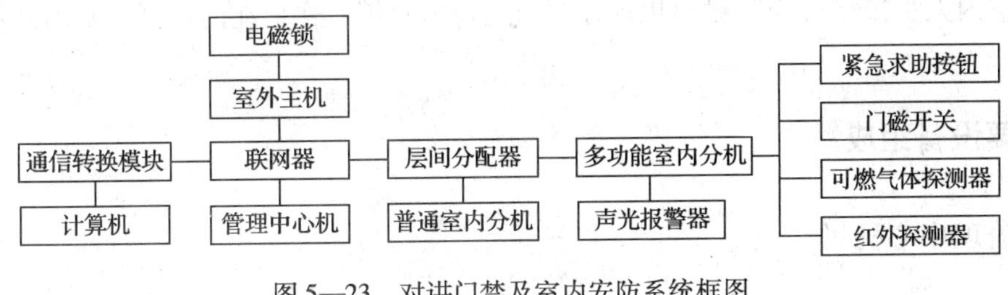

图 5—23 对讲门禁及室内安防系统框图

二、系统概述

楼宇对讲门禁系统是采用计算机技术、通信技术、CCD 摄像及视频显像技术设计的一种用于访客识别的智能信息管理系统。系统有可视型与非可视型两种基本形式，把楼宇的入口、住户及小区物业管理部门三方面的通信包含在同一网络中，成为防止住宅受非法入侵的重要防线，能有效地保护住户的人身和财产安全。

楼门平时处于闭锁状态，以避免非本楼人员未经允许进入楼内。本楼内的住户可以用钥匙或密码开门、自由出入。当有客人来访时，需在楼门外的对讲主机键盘上输入被访住户的房间号，呼叫被访住户的对讲分机，接通后方可与被访住户的主人进行双向通话或可视通话。通过对话或图像确认来访者的身份后，住户主人若允许来访者进入，就按对讲分机上的开锁按键打开大楼入口门上的电控门锁，来访客人便可进入楼内。

住宅小区的物业管理部门通过小区对讲管理主机，对小区内各住宅楼宇对讲系统的工作情况进行监视。如有住宅楼入口门被非法打开或对讲系统出现故障，小区对讲管理主机即会发出报警信号和显示出报警的内容和地点。

小区楼宇对讲门禁系统的主要设备有对讲管理主机、门口主机、用户主机、电控门锁、电源等。对讲管理主机设置在住宅小区物业管理部门的安全保卫值班室内，门口主机安装在各住户大门内附件的墙上或门上。

安防系统是实施安全防范控制的重要技术手段，在当前安防需求膨胀的形势下，其在安全技术防范领域的运用也越来越广泛，而人们所说的室内安防系统以家庭防盗报警系统为主，主要探测器有门磁开关、主动红外探测器、紧急按钮，另外还有燃气探测器等用于检测火警的装置。

三、主要功能

对讲门禁及室内安防系统主要有以下功能：

1. 当单元门口和某一室内机接通时，可进行双向可视通话。

2. 室内的人按“监视”键可以监视门口主机摄像范围内的状况。

3. 住户按“呼叫”键可呼叫管理中心，管理中心也可呼叫某一住户。

4. 单元门口主机能自动进行逆光补偿，保证监视屏上来访者的图像清晰。

5. 可按分机的“监视”键或提机监视室外情况。

6. 管理中心机可以向各个视频分机发布通告短信息。

7. 室内人员按“开锁”键可以遥控开启门口电磁锁；住户在门口可用密码开锁或者刷卡开锁。

四、主要设备组成

1. 管理中心机

GST－DJ6405/06/06C/07/08/08C 管理中心机（以下简称管理中心机）是 GST－DJ6000 可视对讲系统的中心管理设备，可以安装在管理中心或值班室内。主要功能有接收住户呼叫、与住户对讲、报警提示、开单元门、呼叫住户、监视单元门口、记录数据、接驳计算机等。其外形如图 5—24 所示。

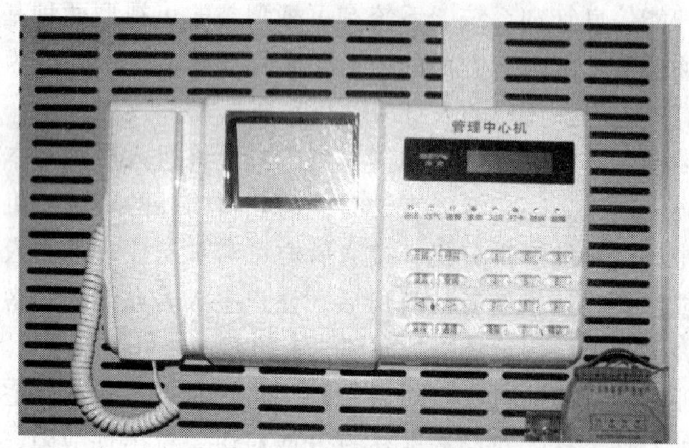

图 5—24　管理中心机

（1）管理中心机的工作原理。管理中心机与矩阵切换器（可选）、室外主机、室内分机、小区门口机（可选）和联网器等设备共同构成可视对讲系统。系统通过数据总线和音视频信号线连接在一起，数据总线在单元外采用 CAN 总线，单元内采用 H 总线。音视频线连接采用两种模式：对于小型社区采用手拉手总线连接方式；对于大型社区采用矩阵交换连接方式，将大型社区根据地理位置划分成多个小的区域（其中每个管理中心机和小区门口机占用一个独立的区），在区内采用手拉手的连接方式，在区外通过矩阵切换器将各个区和管理中心机、小区门口机连接在一起，组成社区音视频矩阵交换式网络系统。

管理中心机实时监控可视对讲系统网络数据信息，接收室外主机和小区门口机的打卡信息及室外主机、室内分机和小区门口机的报警信息，并给出文字和声音的提示；还可与室外主机、小区门口机、室内分机或其他管理中心机进行可视对讲、信令交互，监视、监听小区门口和单元门口动态信息。此外管理中心机还扩展了232接口，可以连接电脑，能够将报警和打卡信息实时送往上位机，实现更加智能化的巡更、报警管理。

（2）如图5—25所示是管理中心机接线端子示意图。

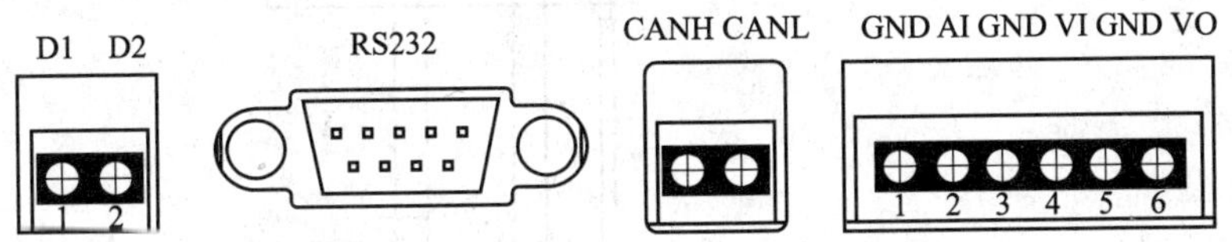

图5—25 管理中心机接线端子示意图

注意：当管理中心机处于CAN总线的末端时，需在CAN总线接线端子处并接一个120 Ω电阻（即并接在CANH与CANL之间）。

布线要求：视频信号线采用SYV75－3同轴电缆；音频信号和CAN总线采用两对RVS2×1.5双绞线。

2. 室外主机

（1）GST－DJ6100系列室外主机是一款置于单元门口的可视对讲设备。本系列产品具有呼叫住户、呼叫管理中心、密码开单元门、刷卡开门和刷卡巡更等功能，并支持胁迫报警。当同一单元具有多个入口时，使用室外主机可以实现多出入口可视对讲功能。GST－DJ6100系列室外主机外形示意图如图5—26所示。

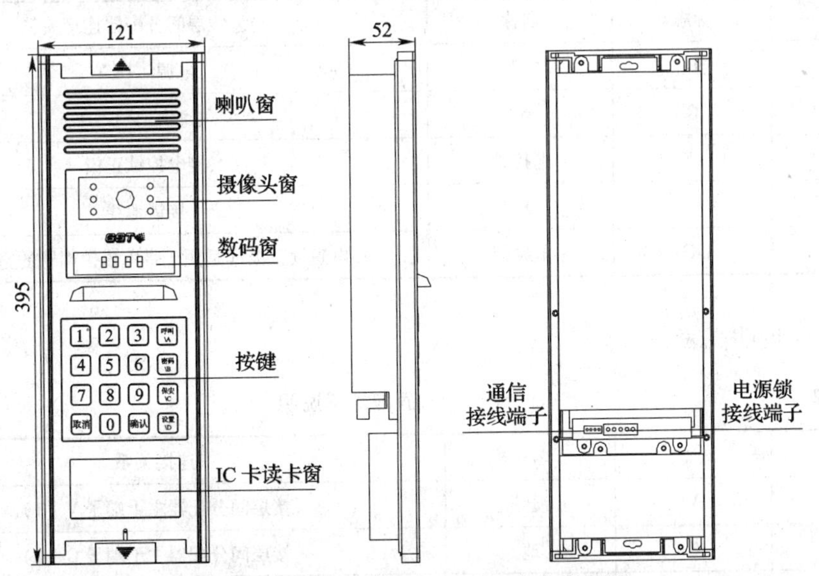

图5—26 GST－DJ6100系列室外主机外形

（2）GST－DJ6100系列室外主机接线说明如图5—27所示。

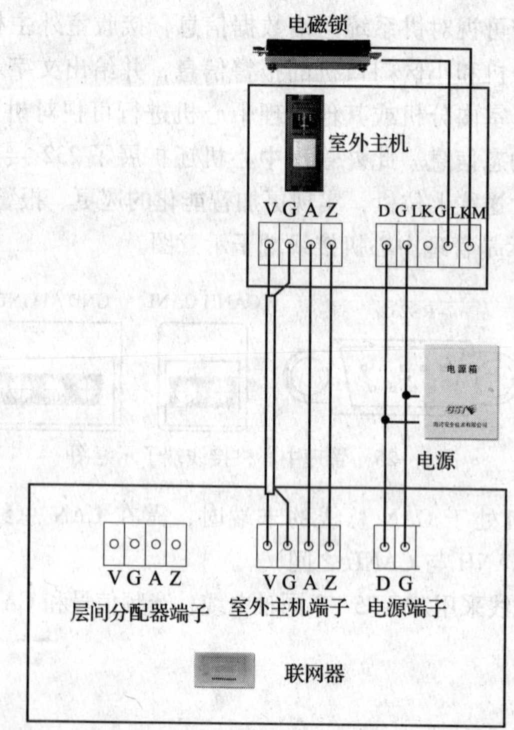

图 5—27 GST－DJ6100 系列室外主机接线说明

（3）端子说明。电源端子说明见表 5—1。

表 5—1 电源端子说明

端子序	标志	名称	与总线层间分配器连接关系
1	D	电源	电源 +18 V
2	G	地	电源端子 GND
3	LK	电控锁	接电控锁正极
4	G	地	接锁地线
5	LKM	电磁锁	接电磁锁正极（适用于带电磁锁端子的室外主机）

通信端子说明见表 5—2。

表 5—2 通信端子说明

端子序	标志	名称	连接关系
1	V	视频	接层间分配器主干端子 V（1）
2	G	地	接层间分配器主干端子 G（2）
3	A	音频	接层间分配器主干端子 A（3）
4	Z	总线	接层间分配器主干端子 Z（4）

出门按钮及门磁端子说明见表5—3。

表5—3　　出门按钮及门磁端子说明

端子序	标志	名称	连接关系
1	DM	门磁	接门磁的正极
2	DK	出门按钮	接出门按钮的正极
3	G	地	接出门按钮或门磁的地

3. 室内分机

（1）GST－DJ6805系列可视室内分机是安装于住户室内的对讲设备，住户可通过室内分机接听小区门口机（联网时）、室外主机、门前铃的呼叫，并为来访者打开单元门的电锁或住户门的电锁（室内分机支持门前铃功能时），还可看到来访者的图像，与其进行可视通话；可实现户户对讲；同户内室内分机可进行对讲；支持小区信息发布（与相应的联网设备配套使用）。另外，住户遇有紧急事件或需要帮助时，可通过室内分机呼叫管理中心，与管理中心通话。

（2）GST－DJ6805系列可视室内分机外形示意图如图5—28所示。

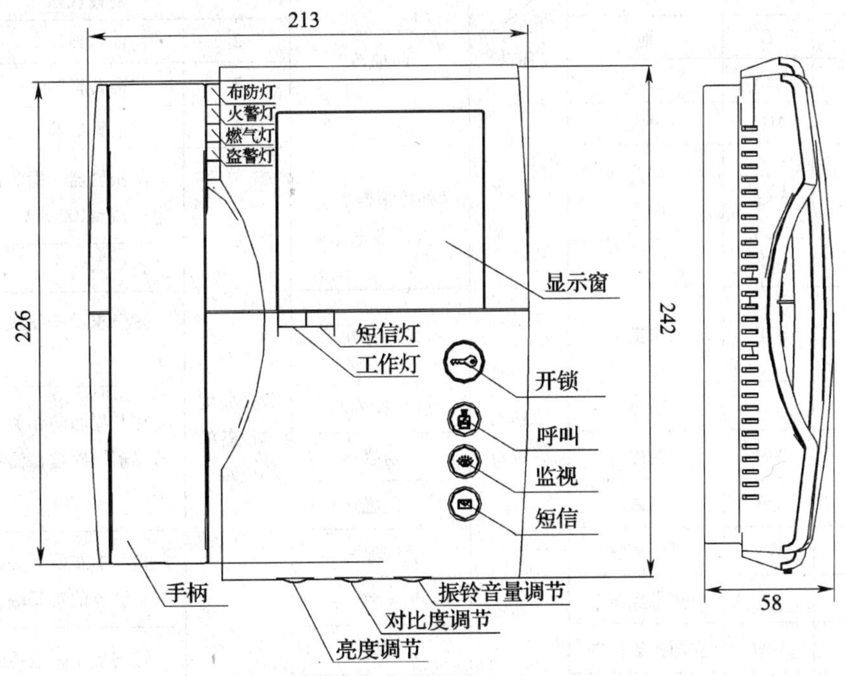

图5—28　GST－DJ6805系列可视室内分机

（3）GST－DJ6805系列可视室内分机接线端子说明见表5—4。

表 5—4　　GST－DJ6805 系列可视室内分机接线端子说明

端口号	端子序号	端子标志	端子名称	连接设备名称	连接设备端口号	连接设备端子号	说明
主干端口	1	V	视频	层间分配器/门前铃分配器	层间分配器分支端子/门前铃分配器主干端子	1	单元视频/门前铃分配器主干视频
	2	G	地			2	地
	3	A	音频			3	单元音频/门前铃分配器主干音频
	4	Z	总线			4	层间分配器分支总线/门前铃分配器主干总线
	5	D	电源	层间分配器	层间分配器分支端子	5	室内分机供电端子
	6	LK	开锁	住户门锁		6	对于多门前铃，有多住户门锁，此端子可空置
门前铃端口	1	MV	视频	门前铃	门前铃	1	门前铃视频
	2	G	地			2	门前铃地
	3	MA	音频			3	门前铃音频
	4	M12	电源			4	门前铃电源
安防端口	1	12 V	安防电源	室内报警设备	外接报警器、探测器电源	各报警前端设备的相应端子	给报警器、探测器供电，供电电流≤100 mA
	2	G	地				地
	3	HP	求助		求助按钮		紧急求助按钮接入口常开端子
	4	SA	防盗		红外探测器		接与撤布防相关的门、窗磁传感器、防盗探测器的常闭端子
	5	WA	窗磁		窗磁		
	6	DA	门磁		门磁		
	7	GA	燃气探测		燃气泄漏		接与撤布防无关的感烟、燃气探测器的常开端子
	8	FA	感烟探测		火警		
	9	DAI	立即报警门磁		门磁		接与撤布防相关的门磁传感器、红外探测器的常闭端子
	10	SAI	立即报警防盗		红外探测器		
警铃端口	1	JH	警铃		警铃电源	外接警铃	电压：DC 14.5～18.5 V；电流≤50 mA
	2	G	地				

4. 层间分配器

层间分配器主要为室内分机提供12 V电源、总线、音频及视频信号。当室内分机线路有短路故障时，隔离室外主机和室外分机，使整个系统不受影响。层间分配器外形及尺寸如图5—29所示。

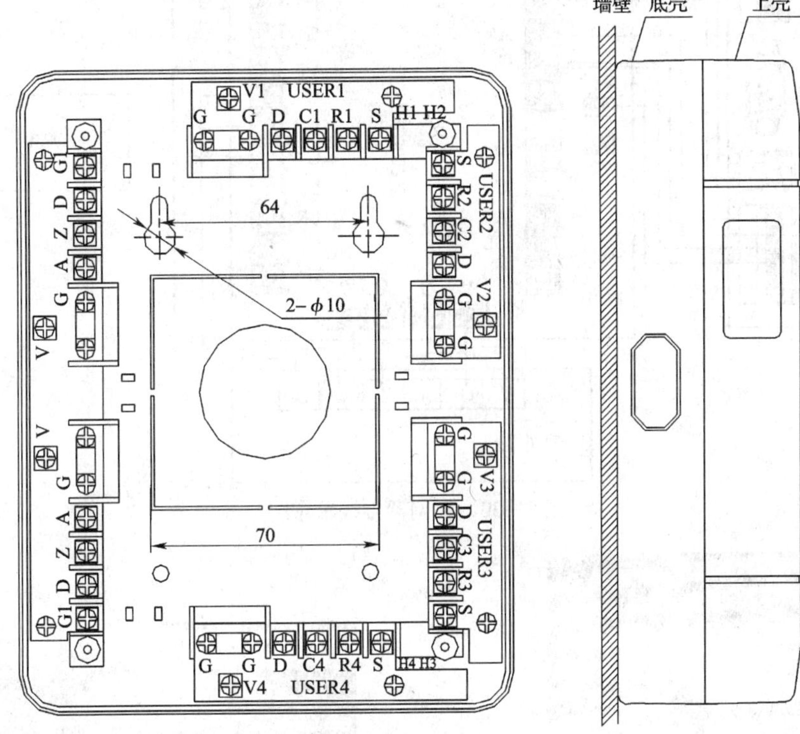

图5—29　层间分配器

5. 联网器

联网器是小区可视对讲联网系统的新型网络传输技术，主要通过两个设备来实现。联网器接线示意图如图5—30所示。

6. 安防探测器

（1）紧急求助按钮。当银行、家庭、机关、工厂等场合出现人室抢劫、盗窃等险情或其他异常情况时，往往需要采用人工操作来实现紧急报警。这时可采用紧急求助按钮。紧急求助按钮安装在“智能小区”室内，位置要合适，便于操作。如图5—31所示即为紧急求助按钮。

（2）门磁。门磁是由永久磁铁及干簧管（又称磁簧管或磁控管）两部分组成的。干簧管是一个内部充有惰性气体（如氮气）的玻璃管，内装两个金属簧片，形成触点。固定端和活动端分别安装在门框和门扇上。如图5—32所示即为门磁。

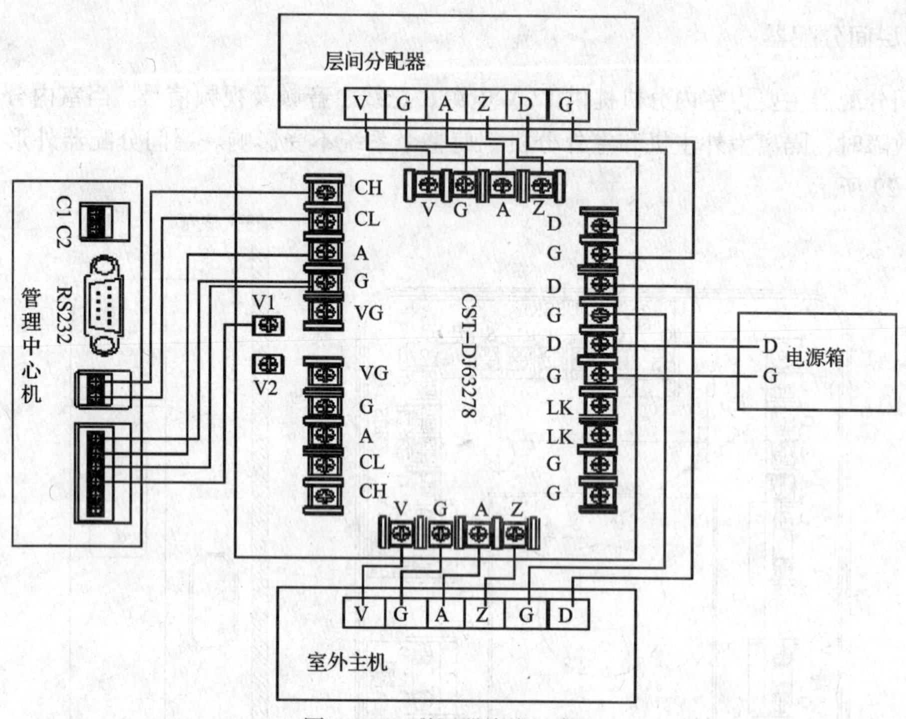

图 5—30　联网器接线示意图

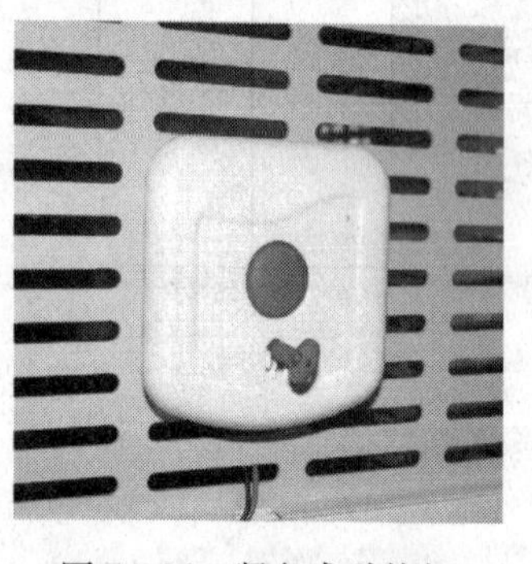

图 5—31　紧急求助按钮

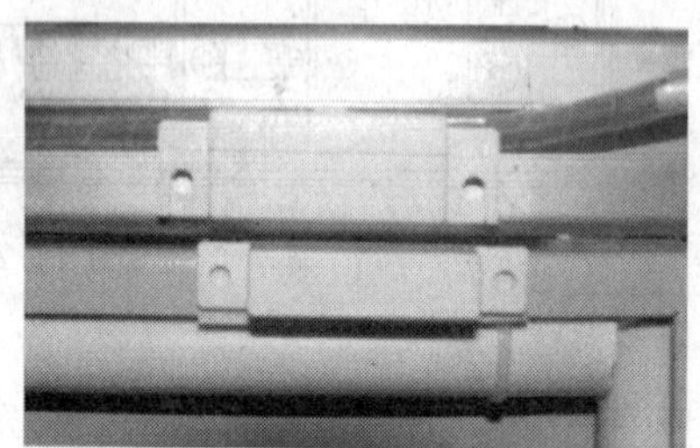

图 5—32　门磁

（3）可燃气体探测器。可燃气体探测器是对一种或多种可燃气体浓度进行探测的仪器。可燃气体探测器有催化型、红外光学型两种。催化型可燃气体探测器是利用难熔金属铂丝加热后的电阻变化来测定可燃气体浓度的。当可燃气体进入探测器时，在铂丝表面引起氧化反应（无焰燃烧），其产生的热量使铂丝的温度升高，铂丝的电阻率便发生变化，通过检测电阻率的变化便可得出可燃气体的浓度。如图 5—33 所示即为可燃气体探测器。而红外光学型可燃气体探测器是利用红外传感器通过红外线光源的吸收原理来检测现场环境的碳氢类可燃气体。

（4）被动红外探测器。被动红外探测器又称热感式红外探测器，其外形如图 5—34 所示。它的特点是不需要附加红外辐射光源，本身不向外界发射任何能量，而是探测器直接探测来自移动目标的红外辐射。人体辐射的红外线波长是在 10 μm 左右，而被动式红外探测器件的探测波范围在 8 ~ 14 μm，因此，它能较准确地探测到跨入禁区段的活动人体，从而发出报警信号。被动式红外探测器按结构、警戒范围及探测距离的不同，可分为单波束型和多波束型两种。单波束型采用反射聚焦式光学系统，其警戒视角较窄，一般小于 5°，但作用距离较远（可达百米）。多波束型采用透镜聚集式光学系统，用于大视角警戒，视角可达 90°，但作用距离只有几米到十几米，一般用于对重要出入口的入侵警戒及区域防护。被动红外探测器应安装在门口附近，安装方向要面向门口以保证其灵敏度。

图 5—33 可燃气体探测器

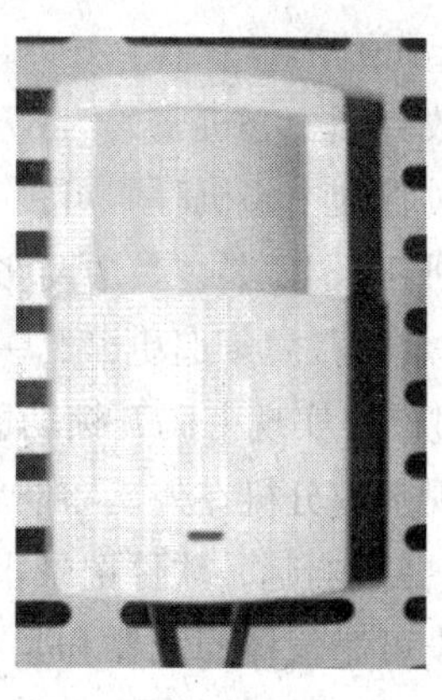

图 5—34 红外探测器

（5）室内安防系统接线图，如图 5—35 所示。

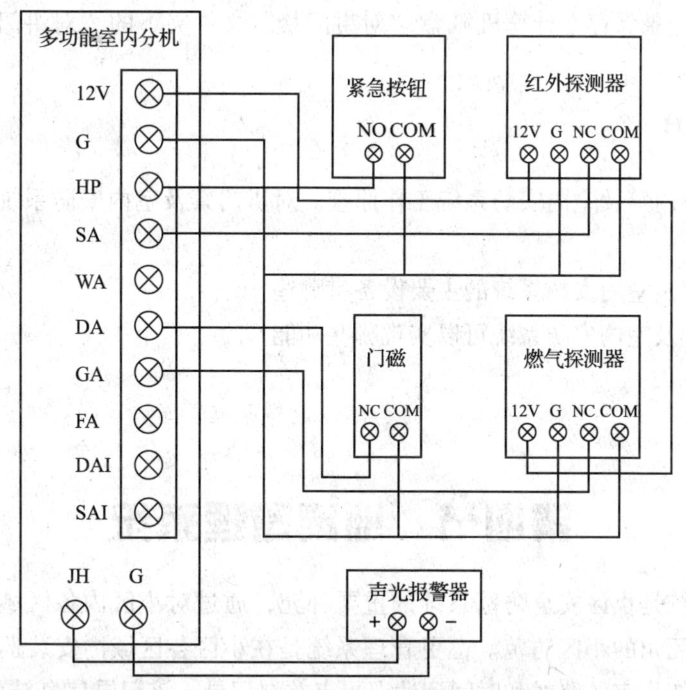

图 5—35 室内安防系统接线图

五、系统的调试

按照图5—23所示对讲门禁及室内安防系统框图进行接线，可以实现以下功能：

1. 设置可视分机撤防密码为1010，房间号为501。

2. 通过室外主机（单元号为4，楼栋号为3）呼叫可视室内分机，实现可视对讲与开锁功能，要求图像、语音清晰。

3. 通过室外主机（地址为1）呼叫普通室内分机（房间号为502），实现对讲与开锁功能，要求语音清晰。

4. 修改管理中心机密码为8736，并设置管理中心机器地址为5。

5. 通过管理中心机呼叫可视室内分机和非可视室内分机，实现通话功能。

6. 注册四张IC卡，其中两张分属于两个住户（501和502），实现室外主机的刷卡开锁功能；剩余两张属于巡更卡，一张实现巡更开门功能，另外一张实现巡更不开门功能。

7. 通过设置实现密码开锁功能。501室开锁密码为1001；502室开锁密码为2002。

8. 可视室内分机在外出布防状态下，若红外探测器被触发，则声光报警器动作，管理中心机声音警报响起，软件记录报警信息。

9. 触发可燃气体探测器和紧急按钮，管理中心机声音警报响起，软件记录报警信息。

10. 通过对讲门禁软件实现与管理中心机的通信，对讲门禁软件则记录对讲门禁系统的运行情况，包括红外探测器报警、可燃气体探测器报警、紧急求助按钮报警、开锁、对讲通话等信息。

11. 将运行记录保存在计算机D盘“对讲门禁”文件夹下的“对讲门禁及室内安防系统”子文件夹内。

知识巩固

1. 简述对讲门禁及室内安防系统工作原理。对讲门禁及室内安防系统的基本功能有哪些？

2. 对讲门禁及室内安防系统的主要设备有哪些？

3. 对讲门禁及室内安防系统可以实现哪些功能？

第四节　巡更管理系统

巡更管理系统是小区安全防范系统的重要补充，通过对小区内各区域的安全巡视，可以实现不留任何死角的小区防范。巡更管理系统是在小区各区域内安装巡更点，保安巡更人员携带巡更器按指定的路线和时间到达巡更点并被记录，该记录信息被传送到管理中心。管理人员可调阅、打印各保安巡更人员的工作情况，加强对保安人员的管理，实现人防和

红外探测器件的探测波范围在 8 ~ 14 μm，因此，它能较准确地探测到跨入禁区段的活动人体，从而发出报警信号。被动式红外探测器按结构、警戒范围及探测距离的不同，可分为单波束型和多波束型两种。单波束型采用反射聚焦式光学系统，其警戒视角较窄，一般小于 5°，但作用距离较远（可达百米）。多波束型采用透镜聚集式光学系统，用于大视角警戒，视角可达 90°，但作用距离只有几米到十几米，一般用于对重要出入口的入侵警戒及区域防护。被动红外探测器应安装在门口附近，安装方向要面向门口以保证其灵敏度。

图 5—33 可燃气体探测器

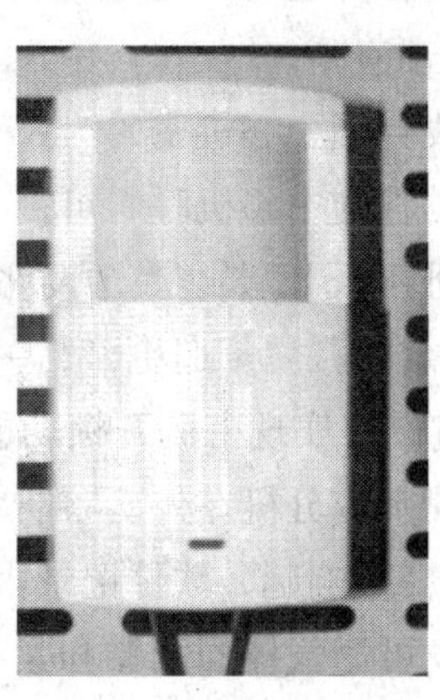

图 5—34 红外探测器

（5）室内安防系统接线图，如图 5—35 所示。

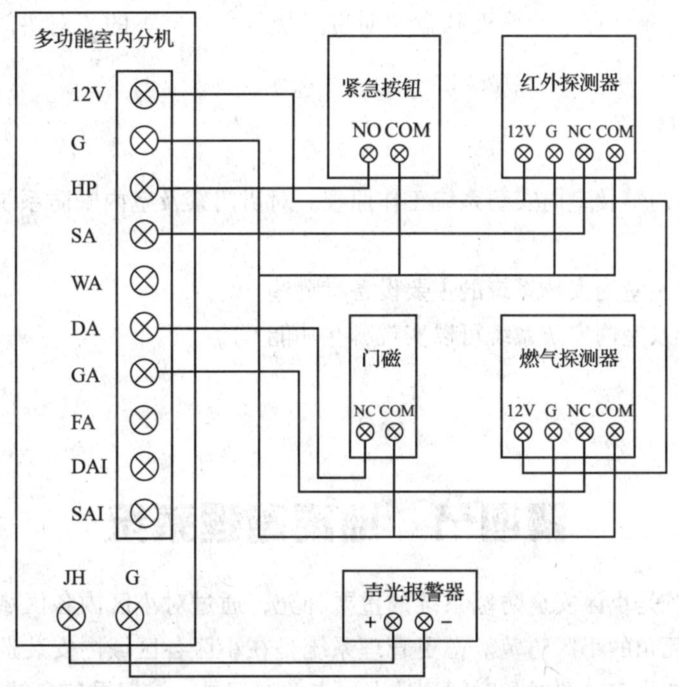

图 5—35 室内安防系统接线图

五、系统的调试

按照图 5—23 所示对讲门禁及室内安防系统框图进行接线，可以实现以下功能：

1. 设置可视分机撤防密码为 1010，房间号为 501。

2. 通过室外主机（单元号为 4，楼栋号为 3）呼叫可视室内分机，实现可视对讲与开锁功能，要求图像、语音清晰。

3. 通过室外主机（地址为 1）呼叫普通室内分机（房间号为 502），实现对讲与开锁功能，要求语音清晰。

4. 修改管理中心机密码为 8736，并设置管理中心机器地址为 5。

5. 通过管理中心机呼叫可视室内分机和非可视室内分机，实现通话功能。

6. 注册四张 IC 卡，其中两张分属于两个住户（501 和 502），实现室外主机的刷卡开锁功能；剩余两张属于巡更卡，一张实现巡更开门功能，另外一张实现巡更不开门功能。

7. 通过设置实现密码开锁功能。501 室开锁密码为 1001；502 室开锁密码为 2002。

8. 可视室内分机在外出布防状态下，若红外探测器被触发，则声光报警器动作，管理中心机声音警报响起，软件记录报警信息。

9. 触发可燃气体探测器和紧急按钮，管理中心机声音警报响起，软件记录报警信息。

10. 通过对讲门禁软件实现与管理中心机的通信，对讲门禁软件则记录对讲门禁系统的运行情况，包括红外探测器报警、可燃气体探测器报警、紧急求助按钮报警、开锁、对讲通话等信息。

11. 将运行记录保存在计算机 D 盘“对讲门禁”文件夹下的“对讲门禁及室内安防系统”子文件夹内。

知识巩固

1. 简述对讲门禁及室内安防系统工作原理。对讲门禁及室内安防系统的基本功能有哪些？

2. 对讲门禁及室内安防系统的主要设备有哪些？

3. 对讲门禁及室内安防系统可以实现哪些功能？

第四节　巡更管理系统

巡更管理系统是小区安全防范系统的重要补充，通过对小区内各区域的安全巡视，可以实现不留任何死角的小区防范。巡更管理系统是在小区各区域内安装巡更点，保安巡更人员携带巡更器按指定的路线和时间到达巡更点并被记录，该记录信息被传送到管理中心。管理人员可调阅、打印各保安巡更人员的工作情况，加强对保安人员的管理，实现人防和

技防的结合。

一、巡更管理系统的类型

巡更管理系统分为在线通信方式和离线通信方式两种。

1. 在线式电子巡更管理系统

在线式电子巡更管理系统一般多以共用防入侵报警系统设备方式实现，可由防入侵报警系统中的报警接收与控制主机编程确定巡更路线。每条线路上设有数量不等的巡更点。巡更点可以是门锁或读卡机，被视做一个防区。巡更人员走到巡更点处，通过按钮、刷卡、开锁等手段产生无声报警巡更信号，从而将巡更人员到达每个巡更点的时间、动作等信息记录到系统中。在中央控制室，通过查阅巡更记录就可以对巡更质量进行考核，对于巡更人员是否进行了巡更、是否减少了巡更点、增大了巡更间隔等行为均有考核的凭证。也可以此记录来判别发案的大概时间。若巡更管理系统与视频监控系统结合一起，则能够更加准确地检查巡更是否到位以确保安全。

2. 离线式电子巡更管理系统

离线式电子巡更管理系统较为先进，它在各种不同楼层及重要地点分别安装一个内藏不同编码的信息钮，巡更人员持识读器按照事先规定的时间和线路进行巡查。经过信息钮时，用识读器触碰信息钮，识读器即可记录到达巡更点的地点及时间。管理人员可以将识读器中的记录信息传至计算机中，在其屏幕上即可清晰地显示出巡更人员的巡检地点及到达时间，根据事先确定的巡检班次和时间要求，计算机软件将自动统计出正点、误点及漏检报表，并在计算机屏幕上显示，还可通过打印机将报表打印出来，为管理者提供重要管理信息。

二、巡更管理系统的组成

巡更管理系统是由巡更巡检器、传输线、信息钮、软件管理系统四部分组成的。

1. 巡更巡检器

巡更巡检器（见图5—36）即采集器。巡逻时由巡检员携带巡检器，按计划设置把信息钮所在的位置、巡更巡检器采集的时间、巡更巡检人员的姓名、事件等信息自动记录成一条数据并进行分析处理后保存，再通过传输器把该数据导入计算机。

2. 传输线

传输线（见图5—37）起连接采集器与计算机的作用。

图 5—36 巡更巡检器

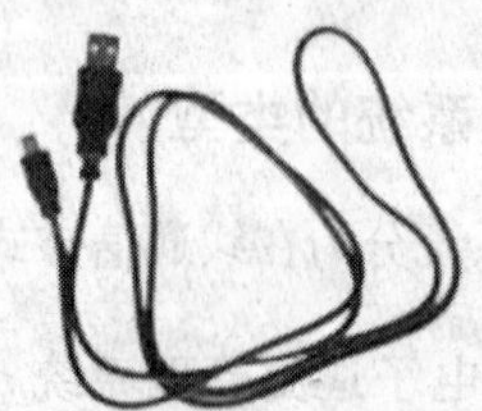

图 5—37 传输线

3. 信息钮 （巡更点）

信息钮（见图 5—38）放置在必须巡检的地点或设备上。

图 5—38 信息钮

4. 软件管理系统

软件管理系统将有关数据接收后进行分析处理，以提供详尽的巡更报告，并与计划进行对比，得到统计报告。

三、系统操作

如图 5—39 所示为巡更系统的工作过程。

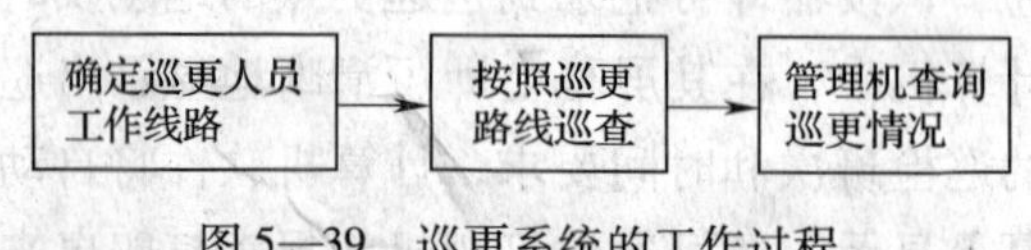

图 5—39 巡更系统的工作过程

1. 先将信息设定在若干信息钮内，将信息钮安装在需要巡检的地方。

2. 巡更人员根据要求的时间、地点沿指定路线正常巡逻。

3. 数据处理。巡更人员巡逻结束后将巡检器交给计算机管理人员。当管理人员需要检查信息时，将巡检器连接到计算机上，把巡检器中的信息通过巡更管理软件读取到计算机中。

4. 系统的调试

（1）运行巡更管理软件，进行初始化设置。

（2）按照要求把巡更点安装到规定的位置，然后通过巡更器对巡更点进行数据读取。

（3）通过巡更管理软件对巡检器上采集到的数据进行处理、分析、备份。

系统调试过程中应注意以下事项。

（1）在使用过程中，应检查所有硬件的连接是否正确。

（2）应检查串口是否设置正确。

（3）应检查巡检器与通信座的接触是否良好。读入数据时应注意检查有没有打开巡检器的电源。

知识巩固

简述巡更系统的分类和基本组成。

思考与练习

1. 如何进行简单的视频监控系统的器件安装、接线和调试？

2. 画出摄像机、矩阵主机、硬盘录像机和监视器的接线图。

3. 入侵探测器主要分为哪几类？如何进行防盗报警系统的器件安装、接线和调试？

4. DS7400XI－CHI 大型报警主机的构造和接线要求有哪些？

5. 如何对 DS6MX－CHI 报警主机的主码进行恢复出厂设置？

6. 对讲门禁系统的基本工作原理是什么？如何进行对讲门禁系统的器件安装、接线和调试？

7. 对 GST－DJ6805 系列可视分机接线有哪些要求？

第六章　智能楼宇的物业管理和智能小区

本章提示

本单元主要介绍智能楼宇和小区的物业管理基本知识，主要包括：停车场、远程自动抄表、背景音乐与紧急广播、综合物业管理等系统的组成与功能，以及智能小区的组成和发展趋势。

第一节　物业管理系统

物业管理系统是智能小区实现规范化、科学化、程序化管理的重要系统，主要包括停车场管理系统、远程自动抄表系统、背景音乐与紧急广播系统、综合物业管理系统等。

一、停车场管理系统

随着人们生活水平的提高，私家车的数量越来越多，在智能小区安装停车场管理系统已经成为必需，如图 6—1 所示即为一个简单的停车场管理系统。

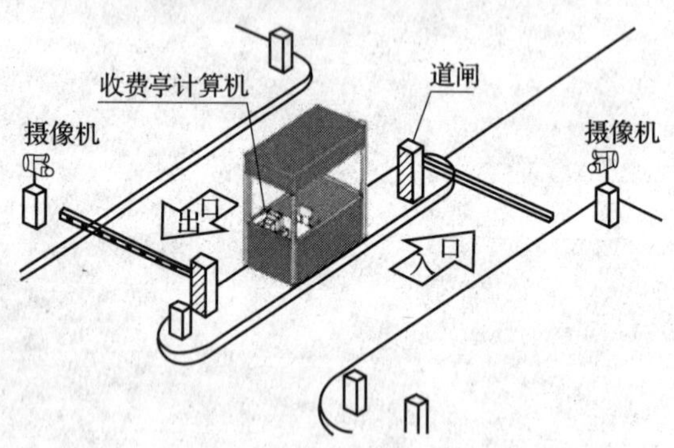

图 6—1　停车场管理系统

1. 系统简介

停车场管理系统一般采用反向散射式 RF 无源短距离识别卡。RF 识别卡的特点是体积小、无须电源。将读卡器安装在出入口车道旁边的适当位置，内部车辆进出时，司机持卡在出入口处停车，将有效车卡靠近读卡器，读卡器认卡后挡车器的挡杆自动弹开，车辆驶过后自动关门。通常还将视频监控系统和停车场管理系统结合起来，即使有人强行闯过入口挡杆，系统也会自动报警。同时，保安人员也可以以视频信号为依据，采取

相应的措施。

2. 系统组成

停车场管理系统一般由识别卡、读卡器、挡车器、控制器等设备组成。它能将小区车辆按停车时间、停放顺序、收费价格等不同因素进行分门别类的管理，方便车主停车，使车辆的安全得到保障，车辆管理也更加规范。

(1) 识别卡。识别卡是停车场所停靠车辆的"身份证"，可以存储持卡人的各种信息，其唯一性保证了车位的固定性以防止车辆被盗。

(2) 读卡器。读卡器安装在出入口车道旁的适当位置，用来读取进出停车场车辆的信息，并将其传输给控制器。

(3) 控制器。控制器接受读卡器读取的信息并进行核对。如果是有效卡，挡车器开启，车辆通过；对于过期或无效卡，系统会自动判断出来，并禁止持卡车辆通过。

(4) 挡车器。挡车器安装在停车场的出入口车道，受控制器的控制，采用杠杆门进行车辆出入控制，设有紧急手动开关。

(5) 计算机。计算机中装有停车场管理系统软件，可将控制器传来的信息转化成管理数据，数据库可提供查询，还可以对控制器的参数和数据进行设置和修改。

二、远程自动抄表系统

随着科学技术的发展，小区住宅除了满足人们最基本的居住要求外，还要向住户提供方便、高效的物业管理。住宅的四表（水表、电表、暖气表、燃气表）远程自动抄录、自动计费，已经成为新型智能小区的必备条件，如图 6—2 所示即为一个简单的远程自动抄表系统示意图。

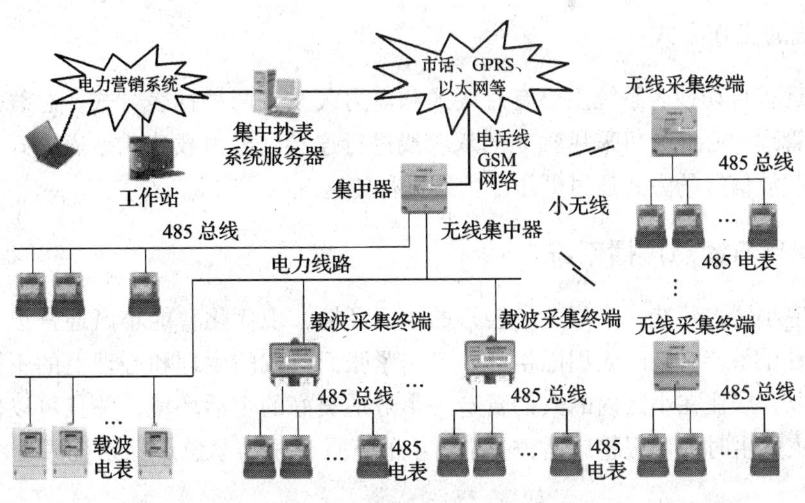

图 6—2 远程自动抄表系统示意图

1. 系统结构

目前，远程自动抄表系统一般采用四层次结构，即现场采集仪表、信号采集器、区域管理器、信息管理器。

（1）现场采集仪表。它利用智能表头现场采集水、电、暖气、燃气表的脉冲数据。

（2）信号采集器。它属于计数装置，对脉冲信号进行取样，当系统发生断线故障时可向物业管理中心报警。

（3）区域管理器。区域管理器能够处理各信号采集器的测量信息，并计算每个用户的水、电、暖气、燃气的使用费用，实时观察、记录、保存整个小区的使用状况和相关数据。在每月月底（也可自定时间）自动生成各用户的水、电、暖气、燃气使用量报表及计费报表。区域管理器可配置一个操作终端，便于管理人员现场查询住户的各项相关信息。

（4）信息管理器。信息管理器一般安装在物业管理中心。通过系统软件，管理人员可根据系统密码的权限随时查询小区每个住户的水、电、暖气、燃气实时及历史使用情况，也可通过门牌号、用户姓名等多种方式查询某个指定用户的使用情况。

2. 系统特点

（1）不改变原机械表的工作原理，无机械接触，减小了对表具的磨损，不影响原机械表的计数和人工读数功能。

（2）把所有电子元器件用环氧树脂进行了密封处理，并与表体做成一体化结构，达到防尘、防水、防干扰的目的。

（3）采集器采用特殊电路，克服了干扰和振动对脉冲计数的影响。

3. 系统的工作方式

目前，远程自动抄表系统主要有总线式和电力载波式两种抄表方式。总线式抄表方式中采集器和管理中心计算机采用独立的双绞线进行连接。电力载波式抄表方式中采集器将有关数据以载波信号的方式通过低压电力线进行传送。

三、背景音乐与紧急广播系统

为在住宅小区内营造一个舒适、轻松的生活环境，现代化智能小区通常设有背景音乐系统。背景音乐系统对缓解人们因生活、工作紧张而造成的生理和心理上的不适有着重要的作用，可以为居住在小区内的人们营造一个舒适美好的生活环境，并且可以作为紧急广播系统在火灾发生时提供报警广播，一个简单的背景音乐与紧急广播系统原理图如图 6—3 所示。

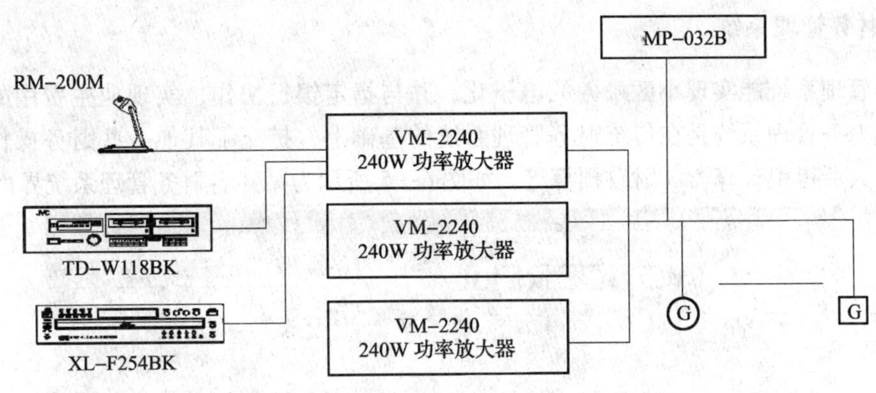

图 6—3 背景音乐与紧急广播系统原理图

四、综合物业管理系统

综合物业管理系统是现代住宅小区不可缺少的一部分。一个好的物业管理系统可以提升小区的管理水平，使小区的日常管理更加方便。将计算机的强大功能与现代的管理思想相结合，建立现代的智能小区是物业管理的发展方向。重视现代化的管理，重视细致周到的服务是智能小区工作的宗旨，提高物业管理的经济效益、管理水平，确保取得最大的经济效益是智能小区管理系统的目标。综合物业管理系统主要包括以下八个部分。

1. 房产档案管理系统

房产档案是房地产管理部门在房地产权属登记、调查、测绘、产权转移、房屋变更等房地产权属工作中直接形成的有保存价值的文字、图表、声像等历史记录，是城市房地产权属登记管理工作的真实记载和重要依据。所谓房产档案信息化，就是指在房产档案管理活动中全面应用现代信息技术对档案信息资源进行处置、管理和提供利用服务。房产档案管理系统主要负责房产档案管理、业主档案管理、产权档案管理，如图 6—4 所示为房产档案管理系统示意图。

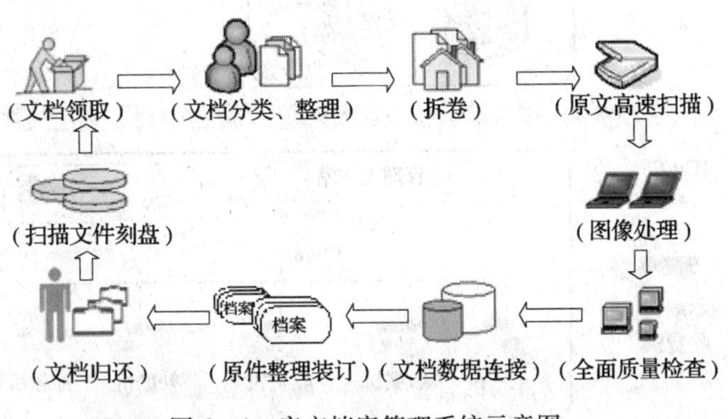

图 6—4 房产档案管理系统示意图

2. 财务管理系统

财务管理系统能实现小区账务的电子化，并与指定银行协作，实现业主费用的直接划转。现代财务管理系统是在传统财务管理系统的基础上，扩充了其他一些财务操作而建立的，如个人所得税计算器、财政预算等。如图 6—5 所示为某知名财务管理系统界面。

图 6—5　某知名财务管理系统界面

3. 收费管理系统

物业管理的很大一部分业务是物业收费。收费管理系统对纳入社区收费管理的收费项目进行电子收费管理，提供网上应缴费用的查询和定期催缴功能，并对没有上网能力的住户提供电话查询或者在物业管理中心查询，同时将其他各子系统相应的收费信息传递给收费信息系统进行统一结算。居民可通过小区电子银行或 IC 卡缴费。如图 6—6 所示为收费管理系统原理图。

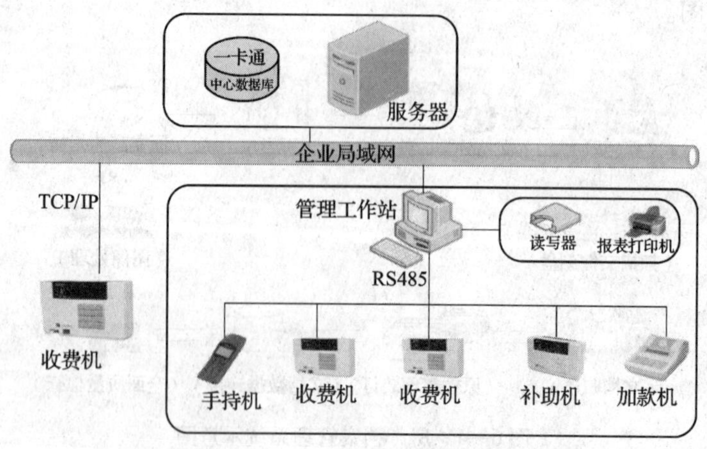

图 6—6　收费管理系统原理图

4. 工程文件管理系统

工程文件管理系统提供对小区工程文件的登记、维护、查询检索等管理功能，它具有统一的登记录入界面，并可按查询用户的级别提供查询服务。

5. 维修养护管理系统

维修养护管理系统的功能是储存、输出对房产及各种公共设施、楼宇设备的维修保养详细情况，以及统计产权人应交的各种费用。如图6—7所示为某汽修汽配维修养护管理系统功能图。

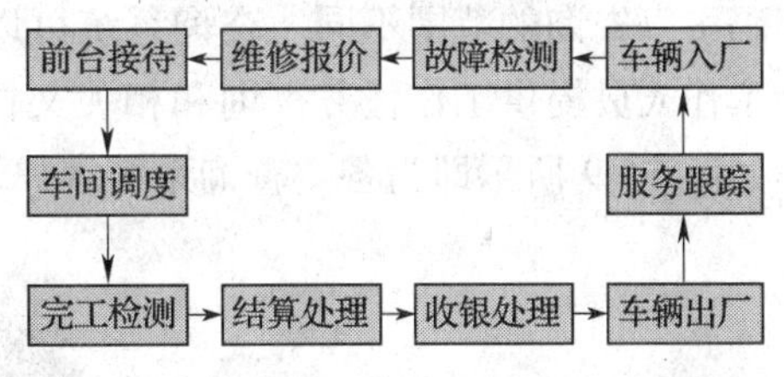

图6—7　某汽修汽配维修养护管理系统功能图

6. 办公自动化系统

办公自动化系统是在小区网络的基础上提供一个足够开放的平台，实现充分的数据共享、内部通信和无纸办公功能。办公自动化系统是利用技术的手段来提高办公效率，进而实现办公自动化处理的系统。它采用 Internet/Intranet 技术，基于工作流的概念，使企业内部人员能够方便快捷地共享信息，高效地协同工作；改变了过去复杂、低效的手工办公方式，可实现迅速、全方位的信息采集、信息处理，为用户决策提供科学的依据，深受众多用户的青睐。办公自动化系统的主要功能包括文档管理、收文件管理、报表管理、接待管理、事务管理，如图6—8所示即为某办公自动化系统功能图。

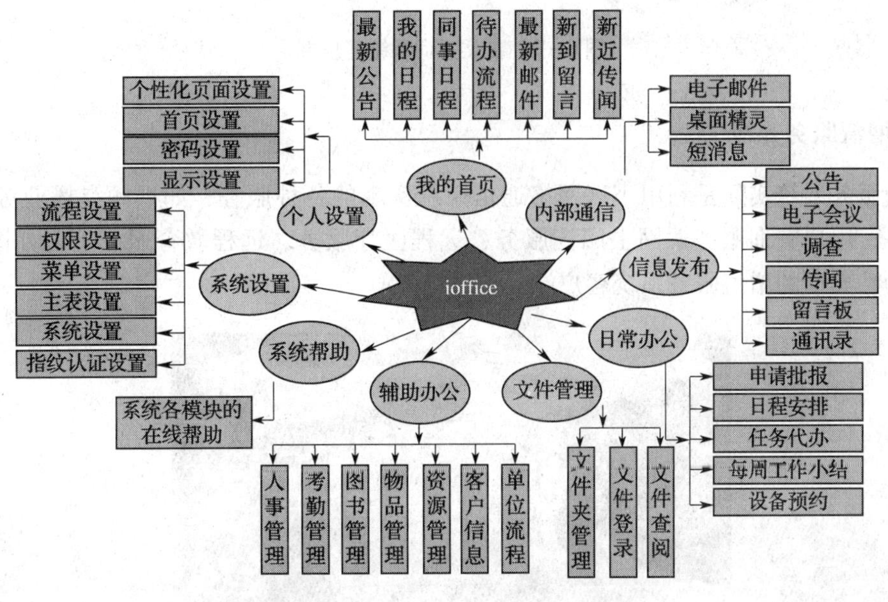

图6—8　某办公自动化系统功能图

7. 查询系统

查询系统是一种信息传输系统。在具有多终端的数据传输系统中，主站按预先编好的次序依次查询从站有无待发送的信息，然后进行处理。通过该系统可以在数据库中查询到自己需要的数据，以表或者视图的形式显示出来。查询系统采用分级密码查询方式，不同的密码可以查询的范围不同。查询系统可以为领导了解小区管理状况和决策提供依据，为一般工作人员提供工作任务查询和相关文档查询，为业主和宾客提供小区综合服务信息查询。如图 6—9 所示即为各类查询系统客户端。

图 6—9　各类查询系统客户端

8. 增值服务系统

增值服务系统实际是利用小区网络通信系统实现的各种服务，如视频点播业务、公共信息服务、用户查询服务、网上阅读服务、远程医疗服务、远程教育服务等，如图 6—10 所示即为某典型的增值服务系统客户端。

图 6—10　某典型的增值服务系统客户端

知识巩固

1. 停车场管理系统的基本原理是什么？该系统的基本组成有哪些？
2. 远程自动抄表系统一般采用哪四个层次结构？
3. 综合物业管理系统主要包括哪几个系统？

第二节 智 能 小 区

随着科学技术的发展，智能建筑技术有了新的发展。人们把智能建筑技术扩展到一个区域的几座智能建筑，对它们进行综合管理，再分层次地将其连接起来进行统一管理，以组成智能小区。

一、智能小区的定义

智能小区是对具有一定智能化程度的住宅小区的笼统称呼，它通过对小区建筑群四个基本要素（结构、系统、服务、管理）及相互间内在关联的优化考虑，综合配置小区内的各功能子系统，实现小区内各种公共设施的集合化智能管理，为小区提供一个安全、舒适、方便、节能、可持续发展的生活环境。

智能小区是住宅建筑与科技发展的结晶，它集现代建筑技术、现代网络技术、现代通信技术及智能控制技术为一体，是住宅建设继“小康型住宅”之后发展的必然趋势。

二、智能小区的组成

智能小区主要由安全防范系统、物业管理系统和信息网络系统组成。其中安全防范系统包括周界防范、电视监控、家居报警、出入口控制、电子巡更等系统；物业管理系统主要包括停车场管理系统、远程自动抄表系统、背景音乐与紧急广播系统、综合物业管理系统等；信息网络系统是小区实现对外信息交流的关键系统，包括小区网络系统、小区通信系统、小区电视系统等。如图 6—11 所示即为一个基本的智能小区组成。

三、智能小区的发展趋势

智能小区的发展趋势主要表现在以下几个方面。

1. 网络化

随着网络技术的发展，智能小区的网络功能必将得到进一步加强。通过完备的社区局域网络，智能小区可以实现社区机电设备和家庭住宅的自动化、智能化，实现网络数字化远程智能监控。

图 6—11　基本的智能小区组成

2. 数字化

智能小区应用现代数字技术以及现代传感技术、通信技术、计算机技术、多媒体技术和网络技术，加快了信息传播的速度，提高了信息采集、传播、处理、显示的性能，增强了安全性和抗干扰的能力。智能小区的数字化建设将为数字城市的建设创造条件，为电子商务、物流等现代技术的应用打下基础。

3. 集成化

将小区内各子系统进行集成是智能小区发展的必然趋势，也是智能小区的目标。

4. 生态化

在智能建筑中，可以利用环保生态学、生物工程学、生物电子学、仿生学、生物气候学、新材料学等领域的高新技术对垃圾、污水、废气、电磁污染等进行处理，实现节能、节水、资源可持续利用等目标，改善智能小区的生态环境。这样既能满足当代人的需要，也不损害后代人持续发展的能力。

总之，各种高新技术在智能小区中的应用能够将人们的工作、居住、休息、交通、通信、管理、文化等各种要求在时间空间中有机地结合起来，从而提高人类的生存质量。智能小区的内涵必将随着科学技术的不断进步而不断地变化、发展。

知识巩固

1. 智能小区的基本概念是什么？

2. 智能小区的基本组成有哪些？

思考与练习

1. 物业管理系统主要是指什么？它主要包括哪些系统？
2. 远程自动抄表系统的特点有哪些？
3. 办公自动化系统主要包括哪些内容？
4. 智能小区的发展有怎样的趋势？